小户型室内风尚设计

居住空间故事

田原 编著

中国建筑工业出版社

图书在版编目(CIP)数据

小户型室内风尚设计/田原编著.—北京：中国建筑工业出版社，2013.9

(居住空间故事)

ISBN 978-7-112-15689-4

I. ①小… II. ①田… III. ①住宅—室内装饰设计 IV. ①TU241

中国版本图书馆CIP数据核字（2013）第182430号

责任编辑：费海玲 王晓迪

责任校对：张 颖 王雪竹

居住空间故事

小户型室内风尚设计

田原 编著

*

中国建筑工业出版社出版、发行（北京西郊百万庄）

各地新华书店、建筑书店经销

北京美光制版有限公司制版

北京盛通印刷股份有限公司印刷

*

开本：889×1194毫米 1/20 印张：7⅗ 字数：230千字

2014年6月第一版 2014年6月第一次印刷

定价：58.00元

ISBN 978-7-112-15689-4

(24289)

内容简介

本书是《居住空间故事》系列图书中的一个分册，共收录了12个精彩案例，在同样一个50～60平方米的平面空间里，不同的居住者演绎着不同的城市故事。设计本身就是一种生活方式，设计师利用自身独特的视角和对空间不同的感知和理解，为生活在喧嚣、浮躁中的我们搭建了一个个理想的生活平台。他们将对美好生活的感悟、对设计的虔诚和勇于探索的态度注入这些案例当中，使它们各具性格，生动并且鲜活。每一个案例都似乎在向我们描述一个关于爱和幸福的故事，像一场“舞台剧”，找寻灵感、设计编排、方案推敲、空间搭建这一系列工作都是为使生活这个舞台更加炫目和丰富多彩，然后静静地等待主角上场，享受他们在这里的交融与碰撞。

本书中多样化的设计风格是为了满足现代人的生活节奏和迎合不同业主性格的差异，它们或粗犷，或精致，或恬淡，或浓烈，或成熟，或前卫，无一不反映了现代都市人在钢筋混凝土的包围中，对大自然的向往与渴望，对美好生活的热爱与憧憬。每个案例都像一个故事，娓娓道来其设计的灵感来源、设计思路、设计亮点和设计师的设计心得。从平面图、立面图、剖面图，甚至到小的家具分解图，全面地诠释了同一个居住空间下不同的精彩设计。

本书从各个角度展现了每个小户型设计的精彩之处以及从设计中得来的经验教训等，无论是翻阅图片，还是细品文字，都将为读者呈现一部很独特和奇妙的中小户型居住空间设计档案。

每一个方案都有原始平面和经过设计改造后平面的对照图，同一个户型也会绘制出不同的户型平面布置图。如同一本连环画一样，使读者能够很清楚地了解到改造的特点和设计的思路。本书以图为主，结合分析说明，条理清楚，通俗易懂。又因为属于中小户型住宅设计系列，所以与传统住宅相比有所创新，具有经济实用、个性新颖、节能省地等特点。

本书可供房地产开发商选用，广大装修业主阅读此书能增加住宅设计知识，建筑师可借鉴本书的设计理念和设计方法，本书也可供相关专业的大专院校师生做精细化设计阅读参考。

本书系 “中央高校基本科研业务费专项资金资助RW2011-4”（supported by “the Fundamental Research Funds for the Central Universities”）的研究成果。

引言

Forword

自2008年世界金融危机爆发之后，中国的房价迅速地升高，特别在北京、上海、广州等一线城市，房价的过快增长不仅导致了诸多社会问题，也对人们的生活产生了不小的影响。因此，房价成了近年来人们广泛关注的社会话题，买不买房，买什么样的房，如何买，在哪儿买，逐渐成为百姓茶余饭后的谈资。政府也一次次出台了相关的法规与文件来调控房价的增长，但毕竟不是立竿见影的办法。于是在开发商与购房者长期的博弈中，经济实用的60～90平方米的中小户型逐渐成为目前房地产市场高性价比的代表和主流户型，它为买卖双方的诉求找到了平衡点，又符合社会大批量的需求。加之政策规定，户型建筑面积90平方米以下的住房（含经济适用住房）面积所占比重，需达到开发建设总面积的70%以上，这样更使得中小户型在房产市场中十分抢手。

相对大户型而言，中小户型的设计更加考验设计师的能力，在紧凑有限的户型空间中，不仅需要满足对空间实用性和多样化的需求，同时还要考虑居住者的舒适度和生活品质。这就要求设计师必须拥有良好的空间组织能力、尺度感和细腻的生活态度，这样才能使中小户型的设计更为简洁、舒适、温馨，同时又富于变化。

我国的中小户型建筑和室内设计的研究目前还处于初级阶段，作为一种设计产品，还有着相当广阔的发展空间。本书选用的命题是“居住空间故事——小户型室内风尚设计”。本命题要求所有设计师本着“功能为先、经济适用、小中见大、美观舒适”的原则，从每一个居住者的生活方式和职业特征等需求出发，对中小户型居住空间做出深入细致的设计和研究，通过设计实现室内设计中的人与空间界面关系的创新，提倡安全、卫生、节能、环保、经济的绿色设计理念和个性化设计。室内环境中功能设计合理，基本设施齐备，尽可能满足居住及生活的要求，同时力求体现可持续发展的设计概念，注意应用适宜的新材料和新技术。

对于家居设计，目前很多人还没有认识到其重要性，即使请设计师，也希望获得免费的设计。实际上，好的设计师设计的空间和没有设计过的空间是不具有任何可比性的，经过专业设计师设计的空间在使用功能和美观程度上具有很大优势。不同年龄层次和不同生活背景的人，对于居住空间的室内设计有不同的见解和要求，也会展现不同的特点和风格。尽管青年人和老年人对居住空间的需求是完全不同的，但是由于小户型的空间有限，所以对于寸地寸金的理解是一致的。

对现代人来讲，家不再只具有单一的功能，而是有着更多的含义：休息、放松、聚会、展示、张扬自我，中小户型更加能体现这些特点。每个人都有不同的生活方式和爱好，希望您能通过本书找到适合自己的家居设计风格，找到您的心之安所！

插图设计：杨　楠 (北京林业大学　艺术设计10-2)

参加个案设计团队：

孟晨超　刘明泽　张　娴　冯天成　傅梦妮

郝一萍　刘梦娇　陈　曦　崔宏芳　程雅超

檀子惠　卢林林　柏　桐　赵　莹

部分图片整理：李　昱　阮雪燕　刘明泽　严晓磊

致　谢

感谢北京林业大学我们这个项目的同仁们——檀子惠、高阳、邢海涛、姜喆、高晖给我的支持！

感谢我们设计团队的所有设计师对小户型设计的热爱！

感谢责编费海玲对我工作的支持和帮助！

感谢很多前辈设计师和摄影师提供的图片！

目录

设计概论

小户型室内风尚设计案例

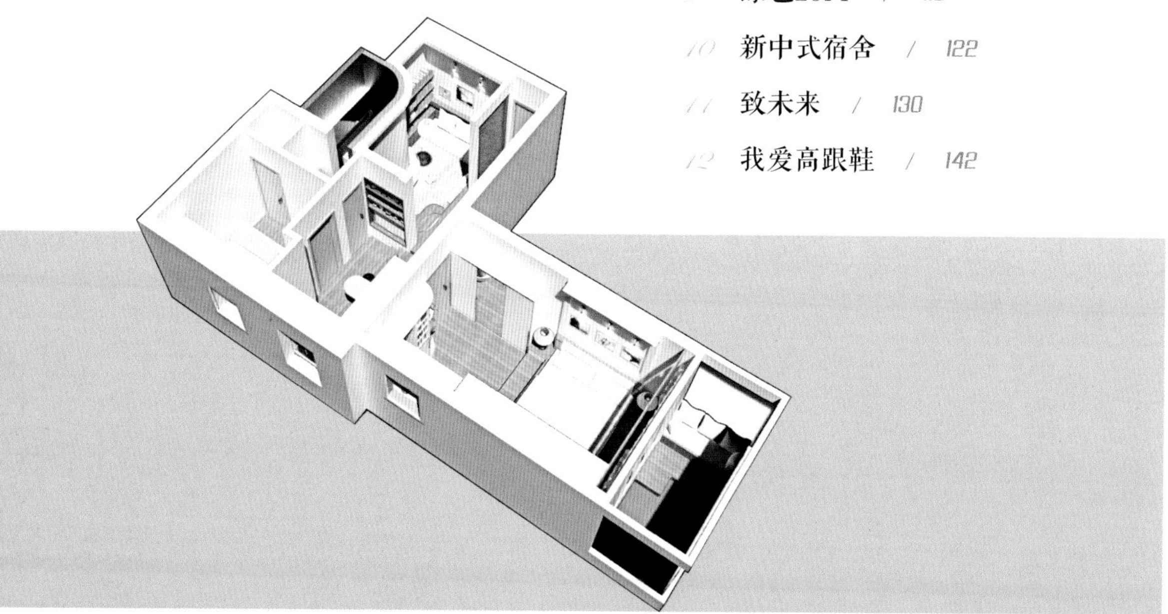

Contents

1 小户型的装饰风格

室内设计的风格是将不同时代的思潮与不同的地域特色，通过创作、构思和表现，逐步发展成具有代表性的室内设计形式。人类社会从工业社会逐渐向后工业社会及信息社会过渡的同时，人们对自身周围的环境提出了更高的要求。室内设计中不同风格的产生、发展与变换，既是深刻的社会历史和文化发展的反映，同时也极大地提高了人们所处的室内空间环境的质量。

这里主要涉及适合小户型的室内装饰风格。

1.1 简约风格

关键词：实用功能　金属　几何　线条　黑白灰

起源于1919年成立的包豪斯学派的现代风格，其核心是实用功能主义风格，重视功能和空间组织、结构的形式美。其造型简洁，尊重材料本身的性能、质地及色彩配置效果。现代风格在材料上，首选铁制构件、铝塑板或合金材料；在设计上，会把结构组织暴露在外，注重室内外、整个房间的沟通与搭配；在颜色上，多用白色、灰色作为主基调色，并搭配其他颜色的家具，表现个性和张力。简约风格多以规则几何线条为主要元素，突出功能美。较多采用黑、白、灰等中间色为基调色，也可适当搭配其他色系，活跃室内气氛，让生活更加轻松、和谐。简约主义风格的核心思想是“少就是多”，就是以宁缺毋滥为精髓，合理地简化居室，在简单舒适中体现生活的精致。

适合人群：高级白领、单身贵族等

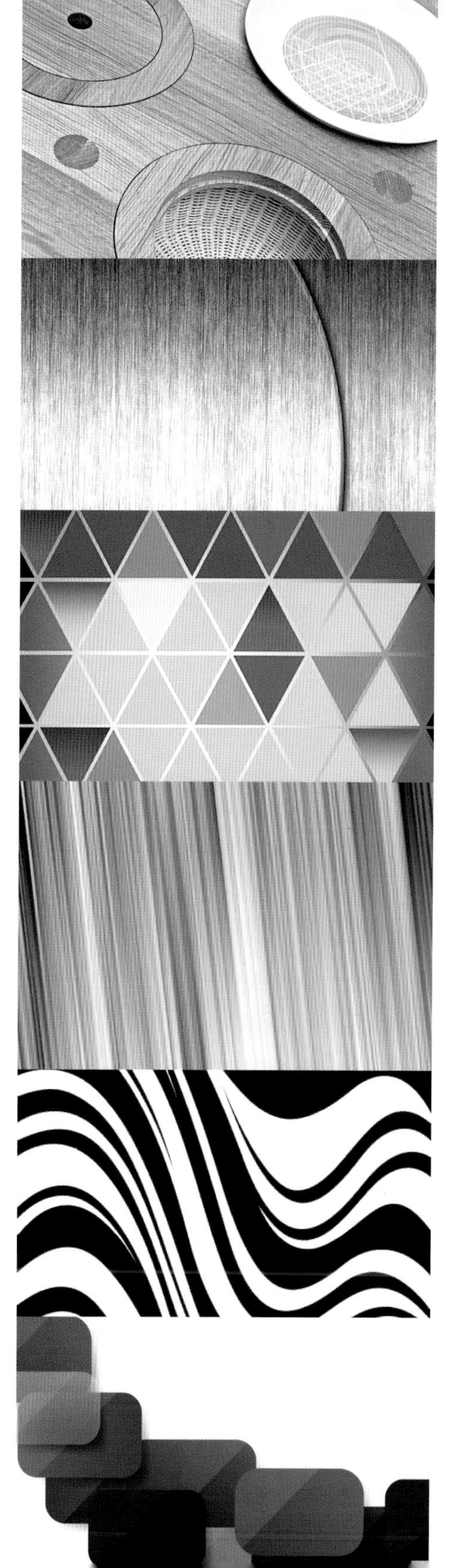

| 实用功能

| 金属

| 几何

| 线条

| 黑白灰

明清家具

传统元素

彩绘

装饰色彩

1.2　现代中式风格

关键词：传统元素　装饰色彩　彩绘　青花
　　　　水墨　明清家具

也称作新中式风格。是中国传统风格文化在当前时代背景下的演绎，是在对中国当代文化充分理解基础上的当代设计。现代中式风格不是纯粹的中国传统元素的堆砌，而是通过对传统文化的认识，将现代元素和传统元素结合在一起，以现代人的审美需求来设计富有传统韵味的物体，让传统艺术的脉络传承下去。现代中式风格的设计讲求用简化的手法、现代的材料和加工技术去追求传统样式的大致轮廓特点，注重装饰效果，用室内陈设品来增强历史文脉特色。家具风格与明清家具很接近，只是造型上有所简化。中式风格的特征表达了对清雅含蓄、端庄丰华的东方式精神境界的追求。风格的构成主要体现在传统家具样式有所变化更新(明清家具为主)、装饰品及黑、白、金、银、红色为主的装饰色彩上，近些年也有用绿色、蓝色等喷漆和做旧家具，家具的局部还有彩绘或者一些新兴的材料。室内陈设包括装饰性的字画、青花瓷、水墨画、油画、屏风等，造型和色彩在原有的古典基础上更加追求简洁现代。

适合人群：性格沉稳或者喜欢中国传统文化和追求现代与中国古典元素相融合的人

青花

1.3 田园风格

关键词：自然　清新　纹理　木料　织物　砖

也称为乡村风格， 倡导回归自然，室内多用木料、织物、砖、石材等天然材料，显示材料本身的质感纹理，清新淡雅。田园风格重视生活的自然舒适性，在室内环境中力求表现悠闲、舒畅、自然的生活情趣，常运用天然木、石、藤、竹等材质质朴的纹理。满足功能性的同时，设置室内绿化，运用素花、树叶、格子、纹理等自然的装饰布艺来做陈设，创造自然、简朴、清雅、温馨的氛围。

适合人群：性格随和，热爱自然，随性、随心而欲的人，刚刚踏入工作岗位的年轻人或者是崇尚田园生活的中年人

| 清新

| 自然

| 自然

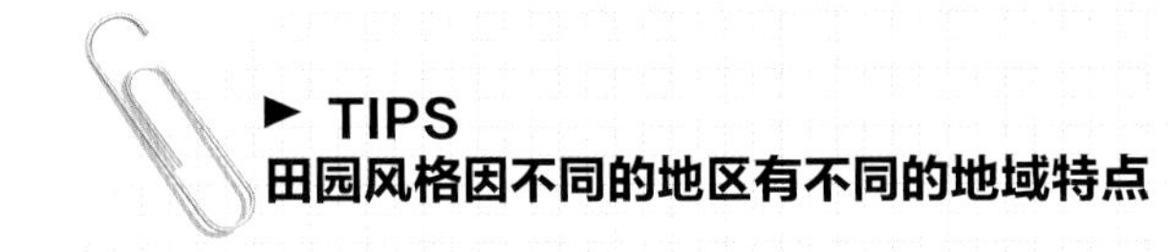

► TIPS
田园风格因不同的地区有不同的地域特点

北欧田园（乡村）：

由于地理位置和气候的缘故，不喜欢在窗户上装窗帘，让室内尽量地明亮。而且喜欢用大地的颜色粉刷室内，地板通常都是木材的本色，整体色彩上显得很接近自然，不加修饰。

| 织物

西班牙田园（乡村）：

传统的房子里很少有独立的餐厅， 家具非常简单，常用坐卧两用的长椅代替沙发，椅子由未上油漆的松木或杉木制成，尽可能体现出木材的本色。喜欢用几何图案和色彩对比。

意大利田园（乡村）：

室内喜欢用土黄、陶土色等与大地有关的颜色，家具简单，室内整体线条简洁清晰，但墙面粗犷，在一些细部喜欢用色彩装饰。

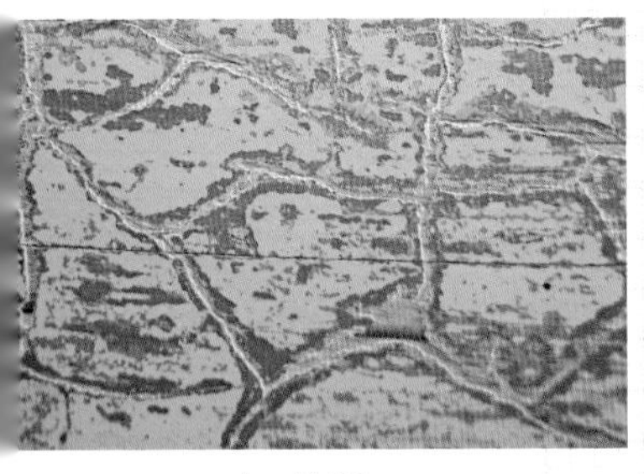

| 纹理

英国田园（乡村）：

主要体现古老和优雅。以不同年代、风格、款式的旧家具和物品为主。绿色植物在室内有着重要的作用。

法国田园（乡村）：

古旧的家具加上传统图案的普罗旺斯印花棉布，配上手工烧绘的陶制器皿。室内一般色彩绚丽，很少有白墙。常以橙、黄、亮橘、褐红、蓝色作为室内色彩，配上薰衣草的紫色有着法式的特有风格。

| 砖

美国田园（乡村）：

美式乡村风格主要起源于18世纪拓荒者居住的房子，具有刻苦创新的开垦精神，色彩及造型较为含蓄保守， 以舒适机能为导向，兼具古典造型与现代线条、人体工学与装饰艺术的家具风格，充分显现出自然质朴的特性。美式乡村风格带着浓浓的乡村气息，以享受为最高原则，在布料、沙发的皮质上，强调其舒适度，使人感觉宽松柔软； 家具以殖民时期的为代表，体积庞大，质地厚重，坐垫也加大，彻底将以前欧洲皇室贵族的极品家具平民化，气派而且实用。美式家具的材质以白橡木、桃花心木或樱桃木为主，线条简单，目前所说的乡村风格，绝大多数指的都是美式西部的乡村风格。西部风情运用有节木头以及拼布，主要使用可就地取材的松木、枫木，不用雕饰，仍保有木材原始的纹理和质感，还刻意添上仿古的斑痕和虫蛀的痕迹，创造出一种古朴的质感，展现原始粗犷的美式风格。美式乡村风格的色彩以自然色调为主，绿色、土褐色最为常见。壁纸多为纯纸浆质地。家具颜色多仿旧漆，式样厚重，设计中多有地中海样式的拱券。 布艺是乡村风格中非常重要的元素，本色的棉麻是主流，布艺的天然感与乡村风格能很好地协调；各种繁复的花卉植物、靓丽的异域风情和鲜活的鸟虫鱼图案很受欢迎，舒适且随意。摇椅、小碎花布、野花盆栽、小麦草、水果、磁盘、铁艺制品等都是乡村风格空间中常用的东西。

| 木料

韩式田园（乡村）：

源于欧洲，融合了韩式文化特有的时尚，兼具西方新古典风格和东方后现代的神韵，演绎着韩式文化特有的浪漫、纯真、宁静和自然。 韩式田园以纯净的象牙白为主色调，辅以幽雅的实木雕花，宁静中的美丽透着天然的高贵与典雅。

综合看来，欧洲乡村风格大多古朴，色彩以自然色为主。美式乡村风格更强调舒适温馨感、厚重感。

1.4　东南亚风格

关键词：民族特色　木材　藤竹　炫色系列　深色系　佛教元素

是一种结合热带丛林的自然之美和浓郁的东南亚民族特色，拥有独特魅力的室内设计风格。东南亚风格的装饰中，室内所用的材料多直接取自自然。由于炎热、潮湿的气候带来丰富的植物资源，所以木材、藤、竹成为室内装饰材料的首选。东南亚家具大多就地取材，比如印度尼西亚的藤、马来西亚河道里的海藻以及泰国的木皮等纯天然材质，散发着浓烈的自然气息。橡木、柚木、杉木等也都是适合制造现代家具的原料。色泽以原藤、原木的色调为主，大多为褐色等深色系，在视觉感受上有泥土的质朴。加上布艺的点缀搭配，非但不会显得单调，反而会使气氛相当活跃。在布艺色调的选用上，东南亚风格标志性的炫色系列多为深色系，且在光线下会变色，在沉稳中透着一丝贵气。布艺多用橘红、艳黄、青紫、翠绿等色，都是体现东南亚风格的主要色彩。其中，墙面以芥末黄色或橙色居多；红色、藕紫色、墨绿色等华彩的基调常配以藤质家具沉稳的本色或黑胡桃木色。卧室中常用芭蕉或睡莲装扮，带有典型的东南亚特点。东南亚主要信奉佛教，室内装饰中加入佛教元素更能体现出东南亚风格的特点。

适合人群：喜欢藤制家具，佛教等元素及东南亚文化和色彩的人

| 民族特色

| 竹藤

| 深色系

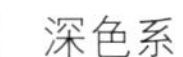

| 深色系

| 佛教元素

| 炫色系列

| 浮世绘

| 直线简洁

| 朴素

| 原木色

| 日本玩偶及面具

1.5 日本风格

关键词：和室　朴素　自然性　原木色
直线简洁　浮世绘　玩偶及面具

也称为和式风格。日本风格的居室由格子推拉门扇和榻榻米组成。空间造型极为简洁，家具陈设以茶几为中心，墙面上使用木质构件作方格，几何形状与细方格木推拉门、窗相呼应，空间气氛朴素、文雅、柔和。它的一个重要特点是自然性。常以自然界的材料作为装饰材料，采用木、竹、树皮、草、泥土、石等，既讲究材质的选用和结构的合理性，又充分地展示其天然的材质之美，木造部分只单纯地刨出木料本色，再以镀金或铜的用具加以装饰，体现人与自然的融合。日式客厅以平淡节制、清雅脱俗为主；造型以直线为主，线条比较简洁，一般不多加繁琐的装饰，更重视实际的功能。室内装饰陈设主要是日本式的字画、浮世绘、茶具、纸扇、武士刀、玩偶及面具、室内宫灯、伞等作造景。更甚者直接用和服来点缀室内，色彩浓烈单纯，室内气氛清雅纯朴。

主要色彩：原木色、白色为主的空间，搭配浅色的家具，加上少量深、亮颜色，如黑、褐、红等，避免空间沉寂

适合人群：性格稳重、喜欢木质、竹材或日本文化元素的人

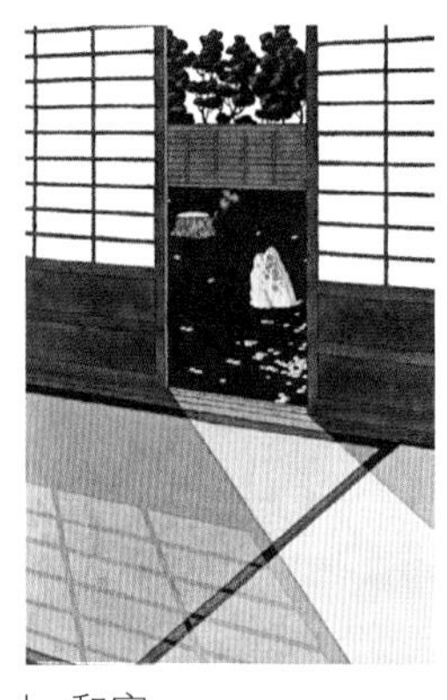

| 和室　　| 自然性

1.6 地中海[1]风格[2]

关键词：拱形门窗　蓝与白　马赛克　鹅卵石　棉织品　铁艺　爬藤类植物　绿色盆栽

多采用拱门与半拱门、马蹄状的门窗。房屋或家具的线条不是直来直去的，显得比较自然，因而无论是家具还是建筑，都形成一种独特的浑圆造型。白墙的不经意涂抹修整也形成一种特殊的不规则表面。家具尽量采用低彩度、线条简单且修边浑圆的木质家具。地面则多铺赤陶或石板。马赛克镶嵌、拼贴在地中海风格中算较为华丽的装饰。主要利用小石子、瓷砖、贝类、玻璃片、玻璃珠等素材，切割后再进行创意组合。在室内，窗帘、桌布、沙发套、灯罩等均以低彩度色调和棉织品为主。素雅的小细花条纹格子图案是主要风格。独特的煅烧铁艺家具，也是地中海风格独特的美学产物。同时，地中海风格的家居还讲究绿化，爬藤类植物是常见的居家植物，也可以用小巧可爱的绿色盆栽。

地中海风格也按照地域自然特征出现了三种典型的颜色搭配。

蓝与白：这是比较典型的地中海颜色搭配，从西班牙、摩洛哥海岸延伸到地中海东岸的希腊。希腊的白色村庄与沙滩、碧海和蓝天连成一片，甚至门框、窗户、椅面都是蓝与白的配色，加上混着贝壳、细沙的墙面、小鹅卵石地、拼贴马赛克、金银铁的金属器皿，将蓝与白不同程度的对比与组合发挥到极致。

黄、蓝紫和绿：南意大利的向日葵、法国南部的薰衣草花田，金黄与蓝紫的花卉与绿叶相映，形成一种别有情调的色彩组合，十分具有自然的美感。

土黄及红褐：这是北非特有的沙漠、岩石、泥、沙等天然景观颜色，再辅以北非土生植物的深红、靛蓝，加上黄铜色，带来一种大地般的浩瀚感觉。

适合人群：白领、青年人、中产阶级等

铁艺

马赛克

鹅卵石铺地

绿色盆栽

蓝与白

棉织品

1. 地中海“Meditrranean”的意思源自拉丁文，原意为地球的中心，自古以来，地中海不仅是重要的贸易中心，更是希腊、罗马、波斯古文明、基督教文明的摇篮。地中海绵延3000km，拥有17个沿岸国家。由于地中海物产丰饶，且现有的居民大都是当地的人民，因此，孕育出丰富多样的风貌。
2. 地中海风格的建筑特色是有拱门与半拱门、马蹄状的门窗。建筑中的圆形拱门及回廊通常采用数个连接或垂直交接的方式，在走动观赏中，出现延伸般的透视感。空间中的墙面处(非承重墙)，均可运用半穿凿或者全穿凿的方式来塑造室内的景中窗。

| 隐喻

1.7 后现代主义风格

关键词：隐喻　符号　装饰主义　多样化
戏谑性　古典现代　多种材质

在20世纪50年代，现代主义逐渐衰落，后现代主义的文化思潮开始逐渐流行。后现代主义主张设计应具有历史的延续性。有人认为后现代主义是批判传统和正统，但它也有好的一面：它反对"科学的独裁性"，宣扬要有超越人类理性、道德和历史辖制的思想自由。由此看来，后现代主义的创造性、批判性和建设性，是后现代主义的基本观念。后现代主义是现代主义纯理性的逆反，重新强调室内设计应有历史的延续性，又不拘泥于传统，探索创新，融入人类情感，是感性与理性融合的表达。

后现代主义风格是强调形态的隐喻、符号和文化、历史的装饰主义。后现代主义室内设计运用了众多隐喻性的视觉符号在作品中，强调了历史性和文化性，肯定了装饰对于视觉的象征作用，装饰又重新回到室内设计中，装饰意识和手法有了新的拓展，光、影和建筑构件构成的通透空间，成了装饰的重要手段。后现代设计运动的装饰性为多种风格的融合提供了一个多样化的环境，使不同的风貌并存，以这种共享关系贴近居住者的习惯。

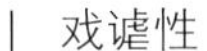

| 戏谑性

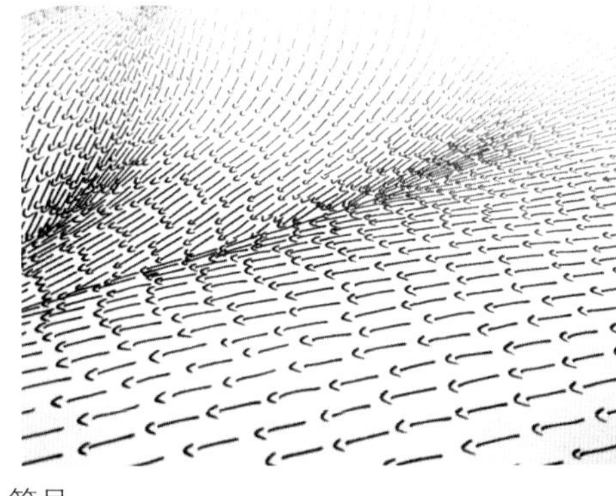

| 符号

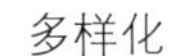

| 多样化

后现代主义风格主张新旧融合、兼容并蓄的折中主义立场。它并不是简单地恢复历史风格，而是对历史风格采取混合、拼接、分离、简化、变形、解构、综合等方法，运用新材料、新的施工方式和结构构造方法来创造，从而形成一种新的形式语言与设计理念。

后现代风格强化设计手段的含糊性和戏谑性，讲究人情味并使用非传统的色彩，以期创造一种融感性与理性、集传统与现代、糅大众与行家于一体的“亦此亦彼”的建筑形象，将古典与现代、传统与时尚的元素兼容并蓄，既对立又统一，设计手法因此也可以达到多元化，灵活多变，利用多种不同的材质组合空间，光亮的、暗淡的、华丽的、古朴的、平滑的、粗糙的，相互穿插对比，形成有力量但不生硬、有活力但不稚嫩的风格。

适合人群：白领、青年人、中产阶级等

| 装饰主义

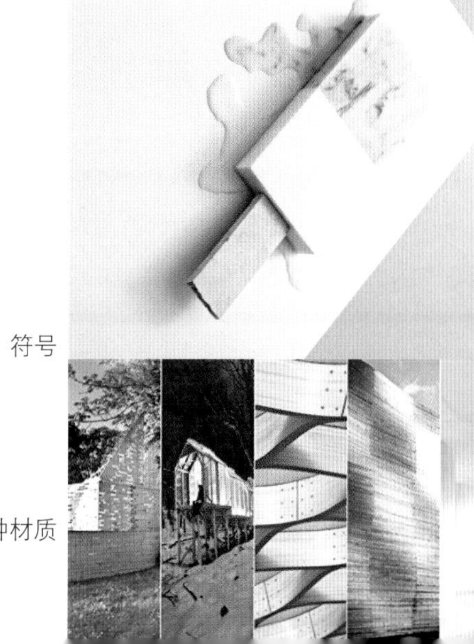

| 符号

| 多种材质

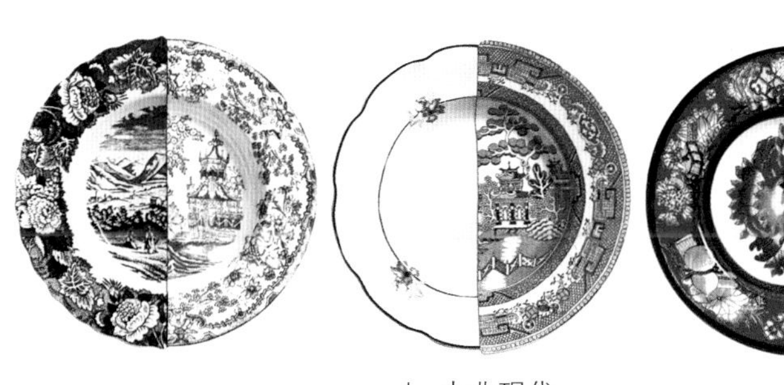

| 古典现代

2 小户型的空间布局规划

客厅和餐厅位于同一个平面或者空间里是小户型住宅常见的室内布局，因为一个空间里要同时容纳多种不同功能的家具。室内的布局主要要考虑人和家具关系的合理性，在完成了风格定位后，需要进行的是维持空间内人流动线的顺畅，便于活动。最重要的是：仔细想想到底要多少空间才可以舒服地生活。利用空间平面图，可以使你做出绝不浪费空间的精确分析。

“我又不是设计师，怎么会画得出来设计图呢?”很多朋友都会有这样的疑问，但其实这里所要绘制的空间布局规划图，只要你爱生活，爱你的家，画个基本的设计图并不难，只需要你拿出纸、笔、尺子，按照比例来，一步一步实现自己的小空间布置图。

► **Step1**

按比例画出原始的平面图，注意标上朝向啊！ 比例就按照1:100好了，比较好换算。也可以把你买房时开发商或者物业提供给你的户型图复印，最好比例是1:100的，复印成这个比例为好，图上的尺寸缩小100倍就可以了，很简单。

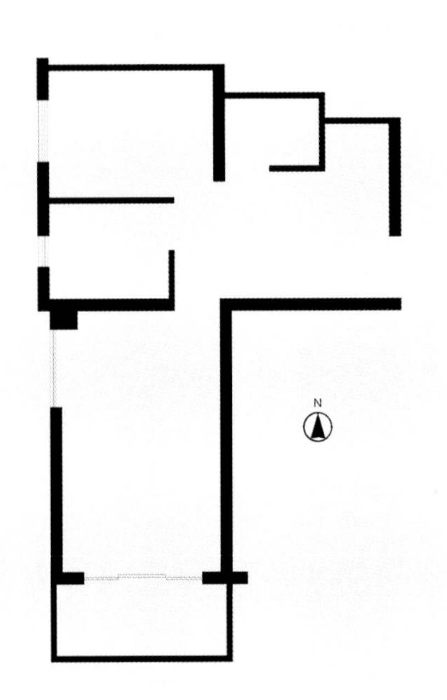

| 原始平面图

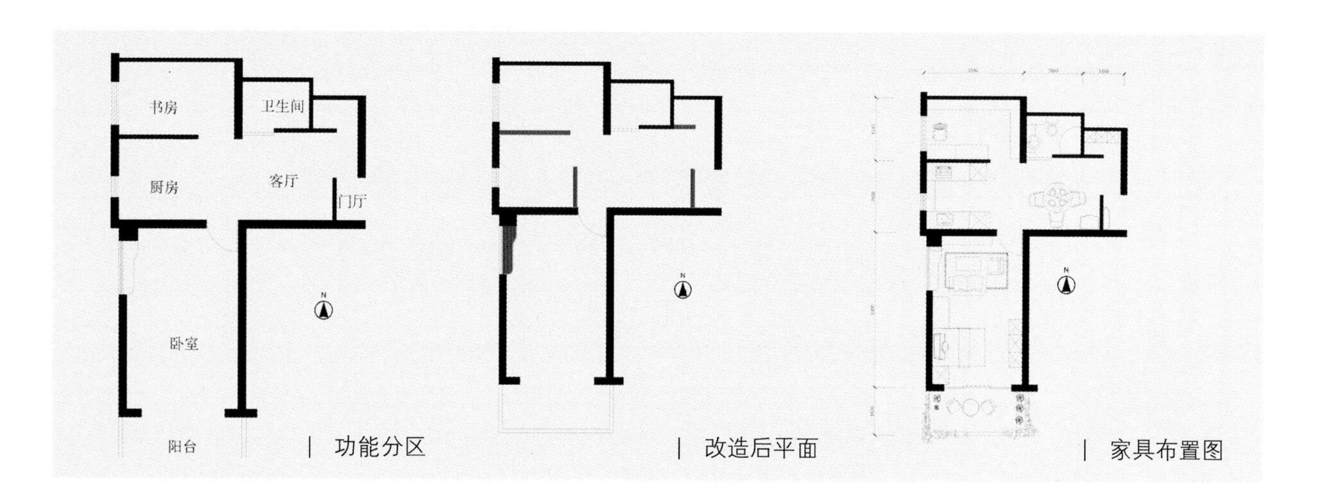

► Step2

画上窗户和门的位置，开始分析原始图纸是否能满足实现自己的居住故事。（是否要使窗户面积扩大或者缩小，户内门的位置是否妥当，是否要在墙上开门开窗等等。可以试着在平面图上简单勾画。）

► Step3

拿着原始图纸找专业设计师分析如何开始自己的居住空间故事。

► Tip1

要给设计师提供你喜欢的风格、现有的需要保留的家具或者你钟爱的某种家居物品。

► Tip2

根据你喜好的颜色、习惯和某些特殊要求，可以集合一些自己喜欢和感兴趣的图片贴在平面图边上。

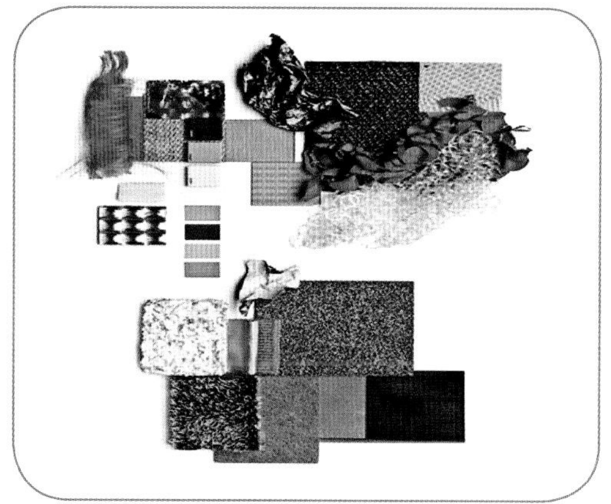

| 小户型空间布局规划

3 小户型的主材选购

小户型居住空间的材料主要是墙面材料、顶面材料和地面材料，木地板、瓷砖、地毯是地面装饰的首选材料，壁纸、乳胶漆是墙面装饰的主要材料，因此，这里主要介绍一些主材的选购技巧。

3.1 小户型如何选购地板

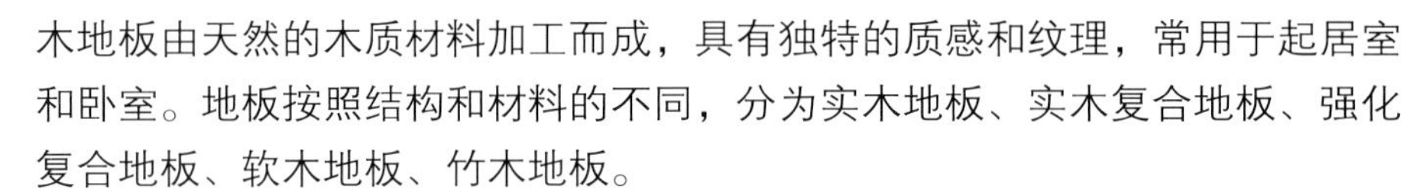

木地板由天然的木质材料加工而成，具有独特的质感和纹理，常用于起居室和卧室。地板按照结构和材料的不同，分为实木地板、实木复合地板、强化复合地板、软木地板、竹木地板。

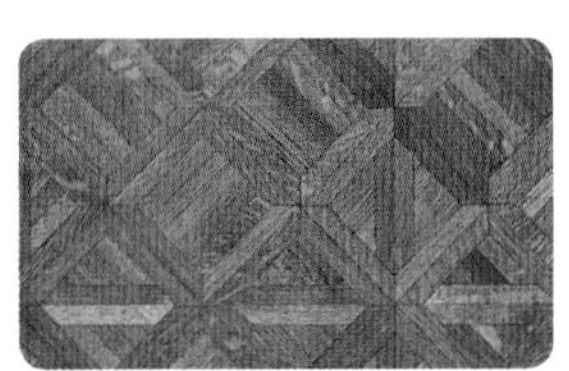

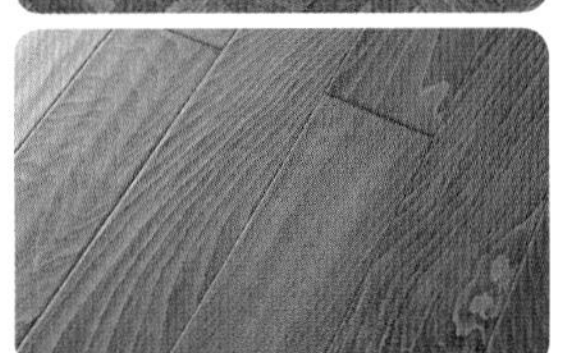

| 实木地板

① 根据经济条件、房间大小、楼层高低和居住时间长短等来选择地板种类。长条地板和拼花地板可以不用胶铺设，搬迁时易于拆装；短条拼花地板一般采用胶粘方法铺设，但拆装不易。

② 选择实木地板时应选择含水率与当地平均含水率相均衡的地板，可以咨询专业的销售人员，也可以选择库存时间长的。

③ 选择强化复合地板要考虑三个因素：耐磨转数、甲醛含量和吸水厚度膨胀率。甲醛释放量是一项环保指标，不大于1.5mg/l均符合国家标准，可打开包装，取出地板，如果甲醛气味刺鼻，则空气中的甲醛含量一定超标。一般情况下，地板的耐磨转数越高，使用年限越长，强化复合地板家用场合的耐磨转数≥6000转，公共场合的耐磨转数≥9000转。

④ 一般来说小户型选择的地板尺寸宜短不宜长，宜窄不宜宽，太长太宽的地板干缩湿涨量大，容易产生翘曲变形和开裂。

⑤ 购买数量应稍有盈余，选购木质地板的数量应比实际铺设的面积稍多一些，损耗在5%～10%。

| 实木复合地板

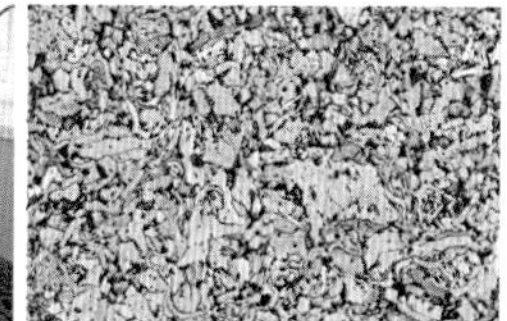

| 软木地板

| 强化复合地板

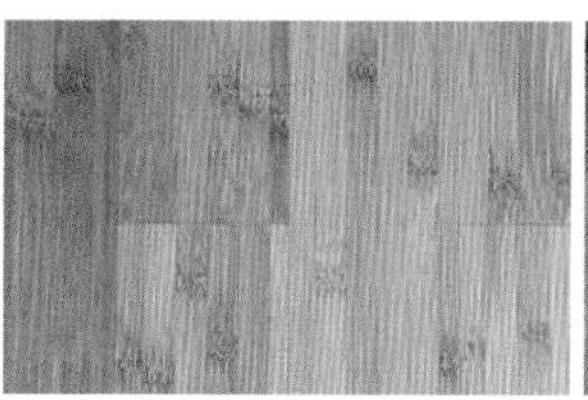

| 竹木地板

3.2 小户型如何选购瓷砖

小户型选购瓷砖和一般家装选购瓷砖一样。瓷砖是由黏土、石英砂等原料经研磨、混合、压制等一系列制作过程，形成的一种耐酸碱的瓷质或石质等的建筑装饰材料。它具有耐磨损、耐腐蚀、易清洁、花色丰富、装饰效果好等特点，属于小户型家装的主要材料，常用于厨房、卫生间的墙面、地面、门厅或客厅的地面。

瓷砖按照制作工艺分为釉面砖、通体砖、抛光砖、玻化砖和陶瓷锦砖等。

▶ 釉面砖

是指表面经过烧釉处理的砖。按原材料分为陶制釉面砖和瓷质釉面砖，按光泽分为亮光釉面砖和亚光釉面砖。

▶ 通体砖

是指表面不上釉，正反面的材质和色泽一致的砖。特点是耐磨、防滑，但是颜色偏单一。

▶ 抛光砖

属于通体砖的一种，由通体胚体的表面经过打磨而成。运用渗花技术可以做出各种仿石、仿木效果。

▶ 玻化砖

是一种高温烧制的瓷砖，是所有瓷砖中最硬的一种，主要用于地砖。

▶ 陶瓷锦砖

俗称马赛克，一般由数十块小砖组成一片，小巧玲珑，色彩斑斓。按材质主要分为陶瓷马赛克、大理石马赛克和玻璃马赛克等。

| 釉面砖

| 通体砖

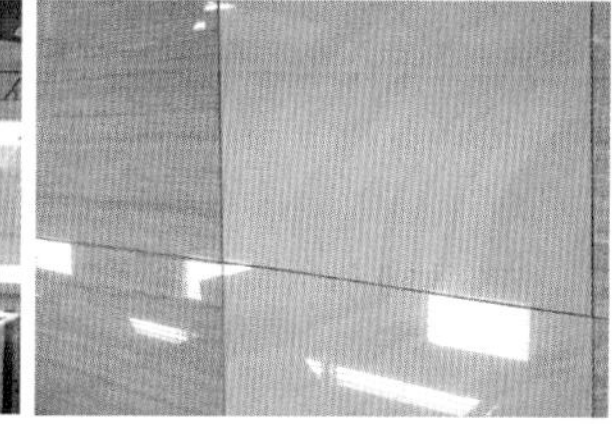

| 抛光砖

| 玻化砖

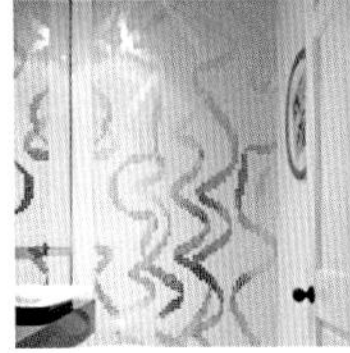

| 陶瓷锦砖

① 选购前先计算铺贴的面积，根据面积和规格确定瓷砖数量。测算实际用料后，损耗一般是5%左右。

② 瓷砖色调应与居室风格相协调，一般为同一色系或对比色系。花色图案可根据个人喜好决定，选择时注意瓷砖色调搭配和单花、组花的配套。

③ 选择正规厂家的产品，选择规格、等级、色号、厚薄、批次一致的瓷砖，尽可能地达到减少色差、统一规格，这样不仅利于施工，还能使好的装饰效果有实现的可能。

④ 瓷砖的吸水率和密度是衡量瓷砖质量好坏的标准，吸水率是衡量瓷化程度的重要指标，瓷化程度越高吸水率越低，其耐污、耐磨、耐腐性强度也会高一些；密度越高，瓷砖的硬度越好。

3.3　小户型如何选购地毯

常见的地毯主要有:

▶ 纯羊毛地毯

相对比较昂贵，最常见的分为拉毛和平织两种。地毯的清洁及护理非常麻烦，需要到洗衣店进行专业清洗。如清洁不慎，地毯使用寿命就会缩短。一般来说，选择色调暗一点或是有花纹的地毯会比较耐脏，这样可以半年拿去专业清洗一次，平时用吸尘器清理。另外，建议大家将羊毛地毯用于卧室或更衣室，因为这类场所通常比较私密、洁净，也可以赤脚踩在地毯上，脚感很好。

▶ 纯棉地毯

分很多种，有平织的、线毯（可两面使用）、时下非常流行的雪尼尔簇绒系列（有细绒的，也有粗绒的）等很多种，性价比较高，比纯羊毛地毯便宜，脚感柔软舒适。其中簇绒系列装饰效果非常突出，便于清洁，可以直接放入洗衣机清洗。纯棉地毯有加底的，也有无底的，加底的主要起到防滑作用，一般来说，客厅及卧室、书房等干区可选用无底的，浴室、入口、餐厅、练功房等可选用加底的，固定效果更突出。

▶ 合成纤维地毯

最常用的分两种，一种使用面主要是聚丙烯，背衬为防滑橡胶，价格与纯棉地毯差不多，但花样品种更多，不易褪色，考究的可以专业清洗，也可以用地毯清洁剂自己手工清洁，脚感不如纯羊毛地毯及纯棉地毯，适用于餐厅、浴室区域或儿童房；另一种是化纤地毯，形式与其类似，价格比合成纤维地毯便宜很多，视觉效果也差一些，容易起静电，建议可以作为门垫使用。

| 纯羊毛地毯　　| 纯棉地毯

| 合成纤维地毯

▶ 牛皮地毯

有的是由整张牛皮制成的，有的带有奶牛皮花纹或豹纹等一些时尚的图案，有的保留原来牛皮的图案，也有先染成统一的颜色再染上图案的。价格较贵，不易于清洁，可以放到客厅，书房等地方。

▶ 鹿皮地毯

一般为碎牛皮制成，颜色比较单一，烟灰色或怀旧的黄色最多，价格比较贵，非常时尚，质感很强，适用于客厅、工作室、书房等干区。因为鹿皮地毯不能用水清洁，只能靠吸尘清洁，所以算是很挑剔的一种地毯。

▶ 黄麻地毯

与鹿皮地毯一样，是很漂亮但很难保养的一种地毯，不能水洗，但可以用清洁剂擦洗。价格也不便宜，有榻榻米席的效果，家里有专门的和室或是很爱干净的主妇，可以考虑这款地毯，很考究也能显示出主人的品位。

▶ 碎布地毯

是性价比最好的地毯，材料朴素，所以价格非常便宜，花色以同色系或互补色为主色调，可以机洗而且可以两面使用。但不适合大面积应用，用于客厅或餐厅等正式空间会略显朴素，但放在入口、更衣室、餐厅或工作室，不失为物美价廉的好选择。

▶ 真丝地毯

做工精细，色彩鲜艳，非常昂贵，而且非常娇贵。不适合铺地，更适合当做挂毯做装饰用。

| 牛皮地毯（杨冬丹　摄）　| 鹿皮地毯

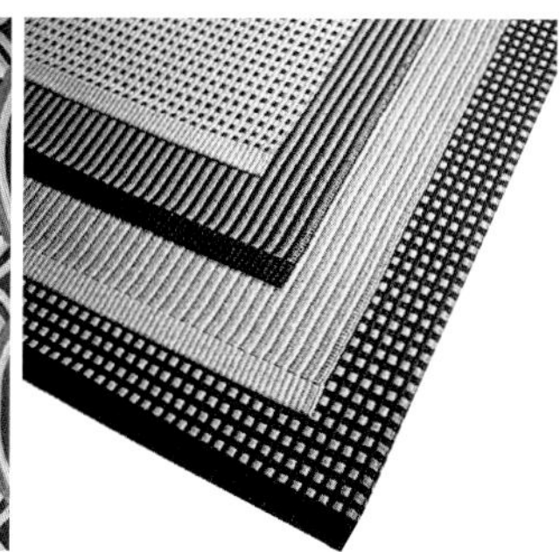

| 黄麻地毯

| 碎布地毯　　| 真丝地毯

选购地毯方面，要根据当地的气候条件、家庭的自身条件和消费水平来选购。例如风沙大的地方，窗前不适合铺地毯，家里有小孩的也要根据自身的能力来选购地毯。同时，应考虑到选购的地毯是否防污染、防静电、防霉、防燃和耐磨损、耐腐蚀。地毯的规格、尺寸也应与房间的功能相适应。通常是卧室、书房这些陈设简单的地方，脚感要求比较苛刻，因为有很多赤脚的时候，所以可以满铺地毯；餐厅尽量不用地毯；门厅和淋浴间可以有小块的地毯；客厅根据面积和功能可以选择艺术感强的块毯或满铺地毯。

3.4 小户型如何选购壁纸

目前，市场上的壁纸种类繁多，图样极其丰富。因为壁纸是运用在墙面上，占到人在整个空间里很大的视觉面积，所以它在整个装修风格效果上起到很重要的作用。在选壁纸时一定要注意，要将房屋装修的风格考虑进去；假如你的家没风格，所贴壁纸的风格将决定你的家的风格。

小户型采用的壁纸主要有3大类：PVC 墙纸、纯纸和纤维类。

► PVC 墙纸

占市场份额的80%，优点是花色品种丰富、耐擦洗、防霉变、抗老化、不易褪色等。特别是低发泡的PVC 墙纸，能够产生布纹、木纹、砖纹、浮雕等各种不同的装饰效果，价格适中，在市场上较受推崇。

► 纯纸类

不含PVC、无气味、透气性好。所以是公认的“绿色”材料。但是耐潮、耐水、耐折性差，同时也不可以擦洗，适用范围较小，一般用于儿童、孕妇和老人的房间。

► 纤维类

具有PVC墙纸的许多优点：可擦洗、不易褪色、抗折、防霉，有的还具有助燃性能，而且吸声、无气味，透气性较好。此类墙纸以天然植物纤维为主要原料，花色图案大多素雅大方，自然气息浓厚，给人以返璞归真的感觉，在欧美家庭装饰中被广泛选用，缺点是目前价位较高。

在挑选壁纸时，应该对预算、思路、风格控制做到心里有数，心里不太有底就到有自己喜欢的装修风格的地方逛逛。在挑选风格特别突出的壁纸时一定要慎重，这种技能不太好把握，职业设计师因为有一定的经验才能把握好，主要因为在挑选壁纸时看到的是小样，不太知道这种壁纸上墙后的效果是什么样的。

一般来说，小户型居室挑壁纸时还是选一些中庸风格、常用色调的壁纸比较保险。在挑选时要做到整个家居各个房间各有不同，又风格统一。在挑选壁纸时很重要的一点，就是墙纸最后上墙时受光的效果和版本平放看起来是不一样的，包括壁纸上墙后的明暗度、纯度、彩度都会不一样，一般在最后选定时，记得要竖起版本，离开1m～3m看看效果。尤其在挑选图案比较明显的壁纸时，更要根据居室空间距离来看壁纸的效果，这样更直观些。

小户型的客厅是接待客人的地方，一般不要布置得太有个性。如果是满墙贴饰，可以选择淡色小花的壁纸，这样居室空间会显得大一些。欧式风格的装修可以搭配竖条花色的壁纸；现代感的则应该用冷色调，因为暖色调使用时间长了会让人觉得有些烦躁。背景墙要与家具色彩搭配得协调，注意所用颜色不要超过三种，否则会显得有些杂乱。

卧室是最私人的空间，承载着主人的喜好。虽说原则上以主人最喜欢的花色为准，但一般来讲可以分为两种情况：大花色，成就浑然天成的大气；小碎花，营造极致浪漫的温婉。几何纹样或者具象的图案比较有个性，但一般人难以掌控。通常而言，不妨选择床对面的墙充当背景墙，铺贴与其余三面墙完全不同的花卉图案的壁纸，注意花卉的颜色与其他墙体颜色一致，整体感觉大气浪漫，又充满艺术感。

儿童房是最适合贴饰壁纸的地方，它的壁纸也是最漂亮的。儿童房壁纸的首要要求就是环保，其次才是风格，同时因主人的年龄差异要选用不同的壁纸。10岁以下孩子的很多知识都是从直观认知得来的，所以这个年龄层次的孩子的房间可以贴一些卡通图案的壁纸，有助于刺激孩子的感知。壁纸颜色的选择上，男孩子一般选用冷色调，女孩子一般选用暖色调，可以在腰线装饰一些时髦的图案。女孩子可以放一些"Q"版的时髦女孩图案，男孩子则更适合运动元素的图案。

► Tips

小卷壁纸一般是0.53m宽，10m长一卷，整卷出售不裁零。在实际粘贴中，壁纸存在10%～20%的合理损耗，大花壁纸的损耗更大，因此在采购时应留出消耗量。同时壁纸的施工技术比较复杂，一定要找专业的工人来铺装。再有，贴壁纸的墙面一定不能刷防水乳胶漆。

| PVC 墙纸

| 纯纸类

| 纤维类

4 小户型的家具用具搭配摆放

▶ 设计原则

所有生活所需的各种要素都要在设计中体现，要充分考虑到生活所需的功能。

▶ Tip1 创造空间

仔细分析居者的需求，使用多功能家具和活动的、折叠的构件灵活地设计。

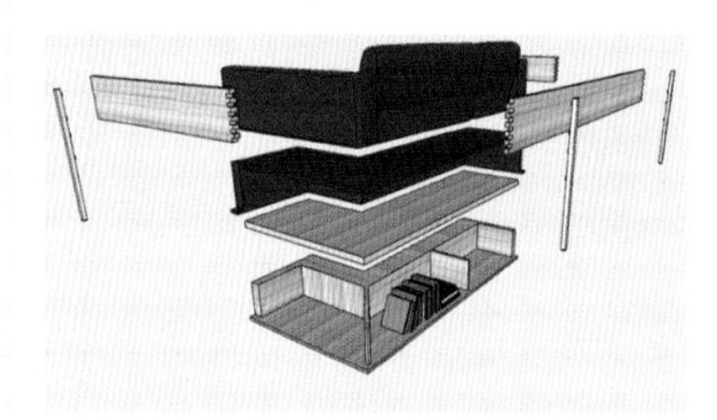

沙发爆炸图

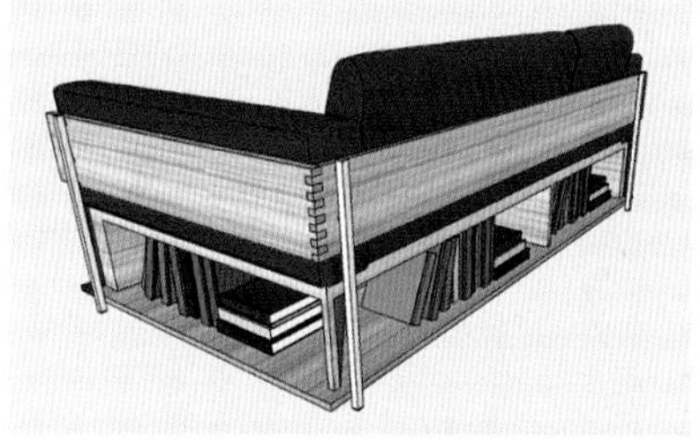

沙发靠背后部采用隐藏式的书架，不仅美观而且实用

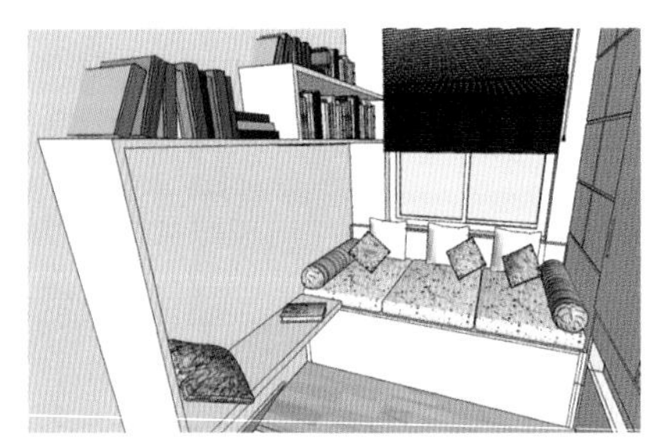

书房的床榻和立面书架一体，有很强的实用功能，同时床榻和书架可以供主人休息、阅读

书房、床榻是可伸缩的，当家中有客人来时，把床榻底部抽拉开，就可以供2人休息了

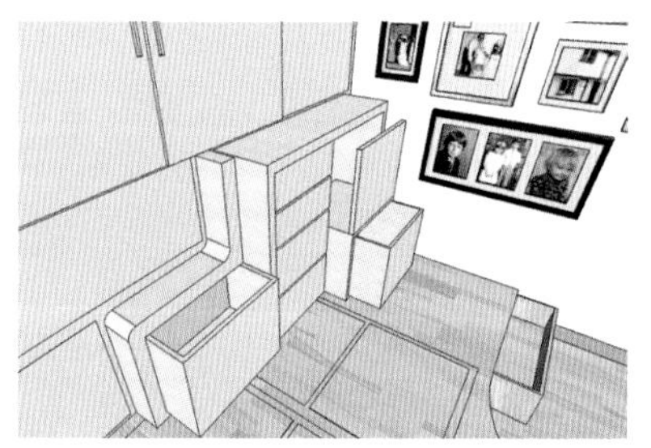

书房壁柜　隐藏式家具示意图

► Tip2　利用垂直高度

在空间允许的情况下，装设加高的睡眠区或工作休闲平台，可在其下方提供有用的储物空间。

| 在厨房上方做了个床铺

| 卧室中抬高床位以增加使用空间

| 起居室的小床铺利用室内的垂直高度,可以满足主人的功能需要,让设计更加有趣味

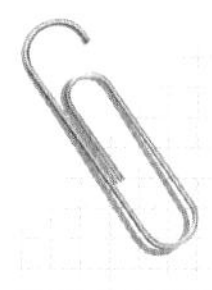

► Tip3　充分利用光线

加大窗户的尺寸，设计镜面以增加可利用的天然光线。

| 条件允许的情况下，在墙上开窗，引入南向的自然光，使空间宽敞明亮

| 卧室上床的台阶有多种功能，既可以储物，又可以当做墙壁梳妆台的凳子。随手拿个床上的抱枕就可以坐着对镜梳妆

| 将南面的阳台做成落地窗的形式，可以更好地引入自然光照

► Tip4　进出容易

这是相当的重要的，尤其是对于小户型来讲，要确定有足够的空间进出，特别是家具和用具之间的尺寸关系要处理妥帖。

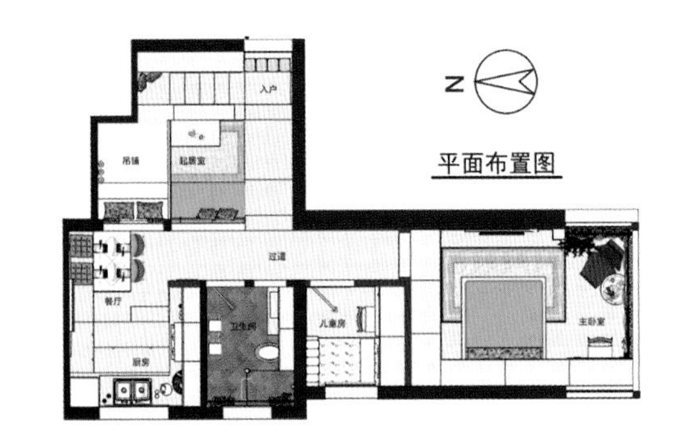

► 家具用具之间的尺度关系

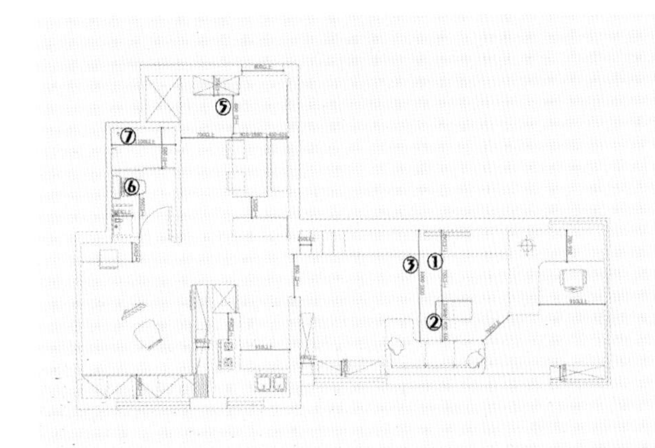

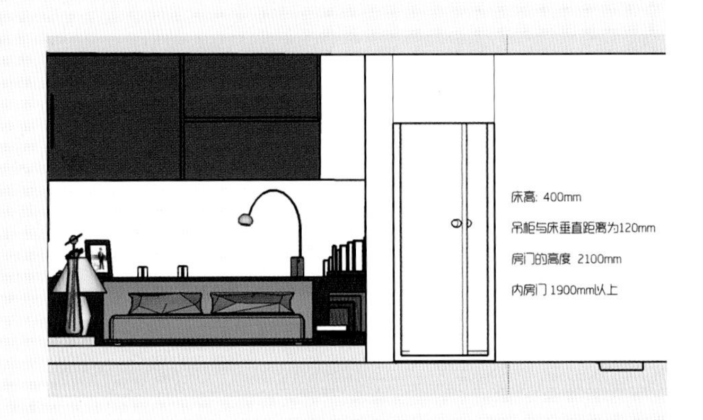

小户型居室固定用具、家具之间应当保持适当的距离

（以毫米为单位，根据居住者的身材可以适当增减调整距离）

① 行走动线（家具之间或前后）700mm以上
② 沙发和茶几之间的距离 400mm～450mm以上
③ 液晶电视和沙发之间的距离 3000mm～3300mm
④ 房门的高度 2100mm
　内房门 1900mm以上
⑤ 柜门开关抽屉的基本空间 800mm以上
⑥ 卫生间坐便器和门之间的距离 550mm
⑦ 卫生间中淋浴的最小空间 600mmx1100mm
⑧ 衣柜的宽度 500mm 以上
　深度 480mm以上
　高度 1800mm以上
⑨ 桌子可以伸脚的深度 350mm

家具的尺寸大小和件数安排得当与否很可能影响生活品质，对于小户型，要坚持宁缺毋滥的原则。

5 小户型的色彩搭配

人对色彩的感觉是个复杂而微妙的生理、心理、化学和物理过程，不同的色彩给人的感觉也不同。小户型想要获得理想的居室色彩，必须明确一些基本色彩的感觉效果，然后将其合理利用。

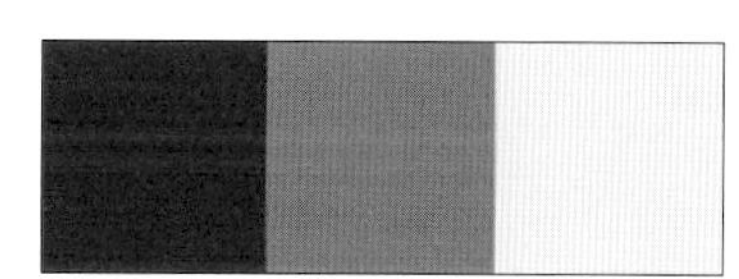
暖色

► 色彩的冷暖感觉（广义上来讲）

暖色：红色、橙色、黄色
冷色：蓝色、紫色、绿色
中性色：灰色、金色、银色
在无彩色系中，白色是冷色，黑色是暖色

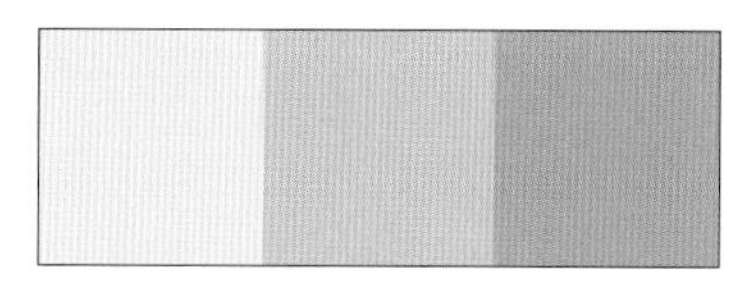
冷色

暖色带给人的感觉：温暖、兴奋、积极、热情、主动，但长时间处于暖色调里会感到疲惫和烦躁；冷色带给人的感觉：安静、冷静、松弛、轻松、消极。

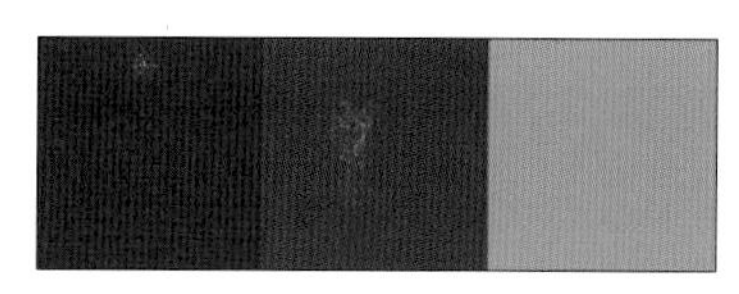
中性色

所以小户型空间色调的设计可以根据不同的地域来选择冷暖色，在寒冷的地区和阴面的房间里装饰暖色调，在温暖的地区和朝阳的房间里装饰冷色调的和中性色，另外也可以根据房间的用途来选择冷暖色调。

无彩色系

所以，从色彩的冷暖来看：
小空间的客厅可以是中性色，可以选择中性的灰色，用香草金色的壁纸等。
餐厅可以是暖色调，可以使人在就餐时感到温馨、愉悦。
书房可以是冷色调，营造一个安静的学习氛围。

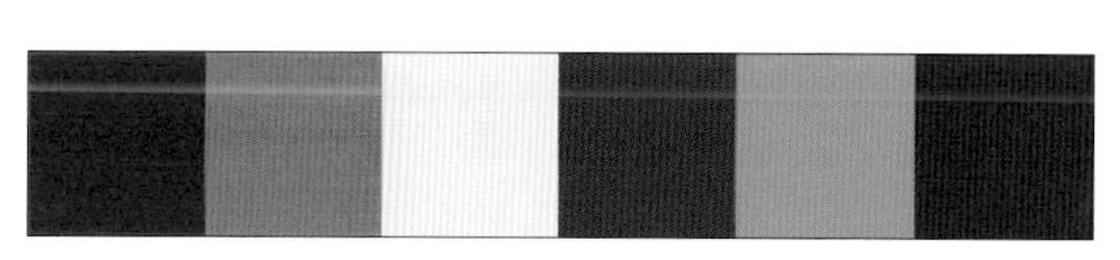
红橙黄紫绿蓝

► 色彩的远近感觉

白色看起来最远，黑色看起来最近。色彩的远近和明度有关。色彩近远的距离次序为：红、橙、黄、紫、绿、蓝。红、橙、黄为前进色，紫、绿、蓝为后退色。

较低的空间顶棚如果要增大距离可以用高明度色彩的顶棚，使空间看起来更高些；反之，则可以使用低明度的色彩来使空间降低。

所以，从色彩的远近来看：
小空间的客厅基本上选择淡雅且明度较高的色调，以扩大空间的视觉效果；小空间的顶棚和墙面的颜色可以一致选择比较浅的色彩或者白色，这样可以起到扩大空间视觉效果的作用。

► 色彩的轻重感

色彩的轻重感同样是由色彩的属性决定的。不同的色相，给人的轻重感觉是不同的。黑色看起来比白色凝重，红色看起来比紫色轻。影响色彩轻重分量感的主要原因是色彩的明度。明度高的色彩分量感轻，明度低的色彩分量感重。纯度不同也会造成感觉上轻重的差异，纯度低（含灰量大）的冷色比纯度高的暖色分量感轻。

分量感对小空间的影响主要体现在色彩的分布上。一般人比较习惯于上轻下重的色彩分布，这样给人以稳定感。顶棚一般用轻一些的颜色，墙面用一样的颜色，地面用重一些的色彩。了解了色彩的轻重感，可以根据自己的需求任意调配小空间色彩的轻重感。

► 小户型的几种色彩方案

1. 白色、浅色顶棚+淡蓝色或者抹茶色的墙面+白色、浅色的家具+浅色的窗帘/床罩+浅色原木色的木地板+只有少数几件物品采用深色或者较深色的颜色=具有现代感的装修风格
2. 白色、浅色顶棚+较灰色彩的墙面+较深沉色彩的家具+浅色的地板色
3. 白色、灰色顶棚+白色墙面+咖啡、土黄色地板+柚木色家具+浅黄、奶黄色窗帘/床品等
4. 米白色顶棚+米白色墙面+深褐色地板+栗色家具+淡土黄色窗帘/床品等
5. 灰白色顶棚+灰色墙面+绛紫色地面+栗色家具+白色和暖灰色窗帘/床品等

在小户型家居设计中，应尽量减少使用重色系，采光不好的房间会显得昏暗、晦涩。

如果颜色运用得好，不但出韵味还能出效果，尤其在几个空间结构上特别值得尝试，比如顶棚、

小户型配色一及配图

| 小户型配色二及配图

| 小户型配色三及配图

| 小户型配色四及配图

| 小户型配色五及配图

地板、通道。人们通常会为墙与顶棚选择相同的颜色，这是很保险的做法。浅灰色系是能够让人安静放松的颜色，在灰色中加入一点咖啡色和青色，使整个空间色彩清新明快。

为了营造轻松的环境，墙面可用同一色系的细碎花纹来强调淡雅色调，以契合整个气氛。沉静的色泽可以很好地营造故事性，花哨的、突兀的颜色则会破坏稳定的感觉。墙面也可以用接近乡村的颜色，如陶土色系等，墙面上漆工艺可故意做出粗糙纹理的感觉，地面可以选择斑驳的仿旧砖。坐在窗前喝杯茶看会儿书，生活如此惬意。

6 小户型的室内照明

居住空间利用自然光，不仅仅为了照明，更重要的是将阳光引进室内，从而消除室内的霉气，抑制微生物的生长，改进室内环境的卫生条件。所以小户型要充分利用自然光照明。光线的布置非常重要，在所有的情感故事中，光线常常起到很关键的作用。那些朦胧的、舒服的光线会让人的感情变得丰富。朴实、经过沉淀的感情往往让人觉得深刻。所以如果你想要一个有情感的小空间，光线最好不要过于怪异和刺眼。使用不同层次的色调，可以使整个空间显得淡雅而不单调。

基本技巧

6.1 整理照明需要

电线、开关和插座等设备是开启灯光照明的基础，而电路设置与改造则是在装修前就应该考虑妥当的问题，隐蔽工程一旦做完，线路设备很难轻易改变。

▶ Tips

1. 分别在早、中、晚三个不同时段，观察每个空间的自然光，然后标出需要通过自然光或灯光突出、照亮的部位。
2. 工作区的光线，如厨房操作台、写字台等，都应该光线充足。
3. 如将来需要添置新光源，现有的开关，插座是否够用？线路及电路是否安全？
4. 房屋的特色是什么，是否需要用灯光来凸显，这也是需要考虑的问题。

案例“平常人家”中的客厅里有两种照明方式：纸吊灯照明和射灯照明

案例“有一家(宜家)幸福设计”中的客厅采用了两种照明方式：吊灯和落地灯照明

工业复古的案例中，餐厅里主要是用可调节的吊灯照明，满足照度的同时也有装饰性

6.2 选择正确的灯具

不同的灯光具有不同的功能，并会给小户型空间带来不同的空间效果。有些灯饰具有特定的功能，有些则是多用途的。实际上房屋的很多空间内都需配有两种以上不同作用的灯具。

▶ 客厅

（室内照明功率40w，可以根据空间大小及个人需要增减）

根据层高选用灯具，可以是吊灯照明、吸顶灯照明、悬挂式照明作为主光源，配合电视机周围的壁灯照明或者是沙发周围的落地灯照明（可以阅读书报）和射灯照明，同时根据顶棚的造型也可以有顶棚造型照明和筒灯照明。

▶ 餐厅

（室内照明功率40w，可以根据空间大小及个人需要增减）

根据层高选用灯具，可以是白炽吊灯照明（促进人的食欲）、吸顶灯照明、悬挂式照明作为主光源，如采用可调节高度的悬挂式照明更好，还可以配合筒灯、射灯或壁灯照明，光线会更加柔和。

工业复古的案例中，次卧兼书房里主要是台灯照明和吊灯照明，突出工业感的主题

卧室中有3种照明方式：台灯照明、吊灯照明以及地灯照明，3种照明方式相互调节，使照明更柔和

卧室中使用落地灯，使其在整体偏冷的色调中增加丝丝暖意

洗脸镜架上用局部照明，方便洗漱

平常人家的卫生间照明可以提高空间品质，增强其使用品质

平常人家的案例里，吧台上有悬挂式照明和走廊上的筒灯照明

绿色LOFT的案例中，厨房里以吸顶灯为主要照明

▶ 书房或工作间

（室内照明功率40w，可以根据空间大小及个人需要增减）

主要是吸顶灯照明、局部台灯照明或落地灯照明，如果局部墙壁上有绘画或书架，可以用下照式照明即射灯照明。

▶ 卧室

（室内照明功率40w～25w，可以根据空间大小及个人需要增减）

可以是吊灯照明、吸顶灯照明、悬挂式照明作为主光源，配合台灯、落地灯（可以阅读书报）、壁灯照明；卧室衣柜里是下照式照明，即射灯照明，便于存取衣物。

▶ 卫生间

（室内照明功率10w，可以根据空间大小及个人需要增减）

主要是吸顶灯照明为多，洗脸镜架上局部照明，可以是壁灯照明也可以是下照式照明即射灯照明，方便洗漱。

▶ 厨房

（室内照明功率15w，可以根据空间大小及个人需要增减）

主要是吸顶灯、吊灯等功能性的照明为多，操作台和碗柜里是下照式照明，即射灯照明。

► 门厅或走廊

（室内照明功率15w，可以根据空间大小及个人需要增减）

主要是筒灯照明或配合下照式照明，即射灯照明，也可以根据个人情况配合夜灯照明。

► 阳台

（室内照明功率10w，可以根据空间大小及个人需要增减）

多为吸顶灯照明，也可以是筒灯照明，配合壁灯照明。根据功能的要求选择需要的照度，主要是低照度照明。

6.3 小户型空间照明

| 绿色LOFT的案例中走廊里有配合下照式照明

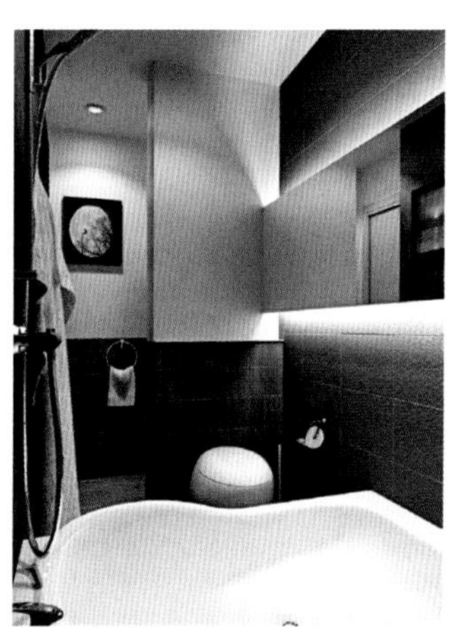

| 平常人家的案例中的镜面反射和照明的配合使空间增大

► **Tips**

1. 避免使用单一顶灯及中央光源。因为过于集中且位置较高的灯光，投射下来的光束与形成的阴影会令房间看上去更小。
2. 利用光学的反射原理，可以在房间设置一些镜子和镜面墙来反射光线，增强室内空间感。

| 阳台上的照明主要是下照式照明，用吸顶灯等低照度的照明

7 小户型的设计细部

小户型的阳台

平常人家案例中的阳台设计是与居室相通,地面与阳台满铺地板, 使整个空间看起来整体化、明朗、开阔且舒适

小户型的阳台由于面积较小，要么与卧室相连，要么与厨房相连，常常被主人用作储物空间，或堆放洗衣机等物品。如何设计小户型的阳台呢? 为充分利用小阳台的空间，可以通过重新划分空间功能来作调整。

如果小阳台与居室连成一体，无论小阳台与卧室还是与厨房相连，为了有效利用空间，最好将其与居室打通连为一体，只需用落地窗与外界隔开，以获得较好的私密性和装饰效果便可。如果装修时把小阳台与卧室的地面铺成一色的地板，则会令空间增大不少。

工业复古中案例中的卧室充分利用了阳台资源，建立了“阳台工作室”，宽长的桌柜丰富了储物空间，让家的学习氛围更浓

▶ 阳台变书房 / 工作室 / 画室

居室面积小，一般都不设有单独的书房或工作间，阳台就可以做为崭新的书房加以利用了。在靠墙的位置装上层层固定式书架，再放上一张小巧的书桌，用心爱的窗帘阻隔室外的喧嚣，诵读自己钟情的书籍。

▶ 阳台成为洗衣房和晾衣区

可以把阳台改造成家里的洗衣房和晾衣区。可以按照家庭中的特殊洗涤需要，把清洗抹布、淘洗墩布、晾晒衣物等家务移至阳台进行。这样一来，即使卫生间与厨房面积偏小，也能达到日常保洁的需要。同时现在提倡高档衣物避免阳光直晒，只要背光通风阴干即可。

▶ 阳台改造成休闲区或阳光房

除此之外，阳台还可以成为一个休闲区。阳台作为室内向室外的一个延伸空间，是主人摆脱室内封闭环境，呼吸室外新鲜空气、享受日光、放松心情的场所。因此，根据阳台面积的大小，稍加装饰就能使阳台满足主人追求惬意生活的需要。阳台面积小，可以采用装饰性强的青石板作地面，以突出阳台的休闲功能，方便主人健身、闲坐；考虑到收纳杂物之需，可以采用折叠式设计的桌椅及吊墙的储物柜；作为休闲区，还得种上些绿色植物、花卉，也可以在阳台上种一些叶子蔬菜，例如薄荷、香葱、青菜等，方便生活的同时也享受绿色。

客厅南边的阳台改造成了洗衣房，主要是为了方便主人的生活需求，使主人大量的洗涤工作可以井然有序地进行

1 有了家（宜家）幸福设计

宜家家居于1943年创建于瑞典，“为大多数人创造更加美好的日常生活”是宜家公司自创立以来一直努力的方向。宜家品牌始终和提高人们的生活质量联系在一起，并秉承“为尽可能多的顾客提供他们能够负担、设计精良、功能齐全、价格低廉的家居用品”的经营宗旨。

此次设计主要是一套以宜家风格为主导的设计。

目标人群	刚毕业、刚结婚、正在创业期的小两口
男主人	26岁，超超，某网络公司设计师，爱好看书、听音乐，月收入约9000元~11000元。
女主人	24岁，江宁，淘宝网某店老板，温柔、知性、热爱生活，月收入约5000元~8000元。
客户需求	年轻白领，有一定积蓄，有高品质的生活追求，所以宜家的快餐式风格是其最好的选择。 宜家风格，最大的特点就是简约时尚。在当下轻装修重装饰的家装潮流中，宜家迎合了这股浪潮，以美观实用的设计和绚丽多彩的搭配占据了年轻人的心。能满足一定的审美和功能需求，不需要家装公司或装修队，完全可以DIY，搭配自己想要的家居环境。
设计理念	此空间主要是设计师对宜家风格的一种理解和诠释。在整个空间中，尽量减少大的改动，保留其原有户型的功能性，主要是通过颜色、壁纸、家具、配饰以及灯光来营造一个属于现代年轻人的幸福温暖的家。

| 改造平面图

► 户型平面上的改动

1. 厨房和卫生间的位置对调，厨房改成开放式西厨，卫生间成为明卫。
2. 改造后，厨房与餐厅之间的墙被打断，增加厨房空间与餐厅空间的互动性，使餐厅区域扩大，就餐环境更加舒适。
3. 模糊空间的独立属性。

| 俯视效果图

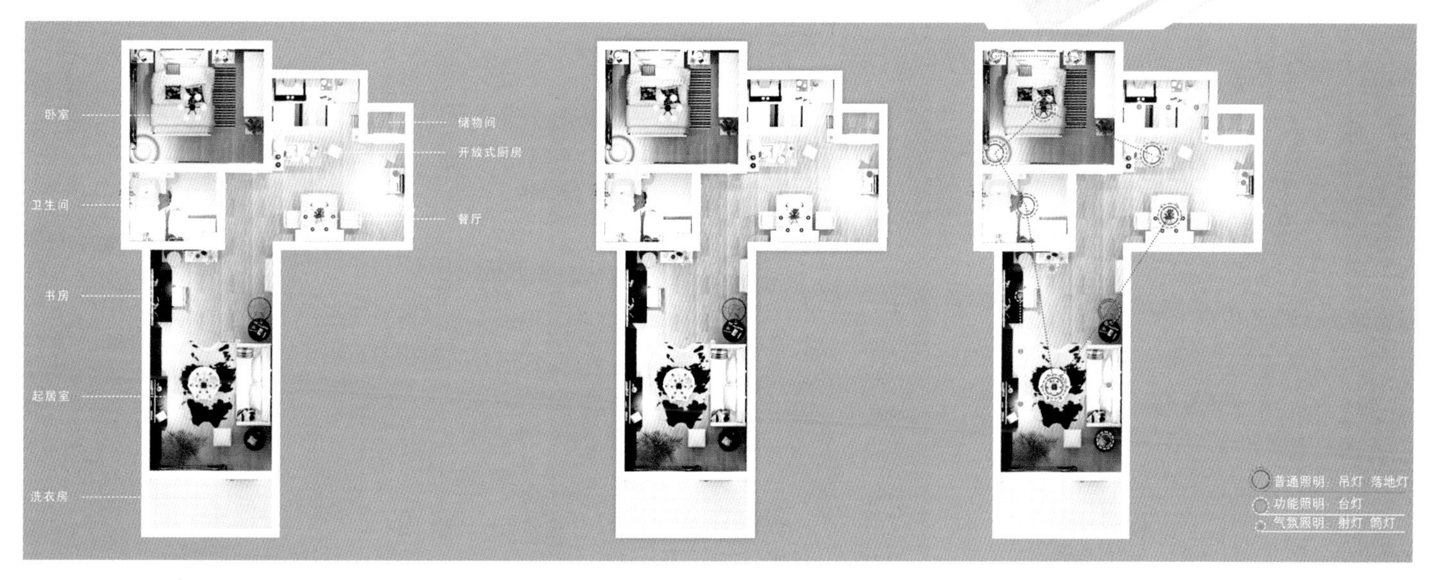

| 功能图　　| 立体平面图　　| 灯光照明图

▶ 门厅、餐厅、厨房

此设计最大的改动莫过于厨房与餐厅之间的那堵墙。对于小户型来说，尽量使空间变大，又不改变其实用性，是基本的设计方向。拆掉中间那堵墙，使厨房与餐厅增加了互动性，从空间上豁然开朗起来。再运用墙漆与壁纸使三个功能区有所区分：首先是厨房的黄色墙漆在此区域中面积最大，使人一进入厨房便有一种温馨的感觉；其次是餐厅区黄色的壁纸，与厨房的黄色有所呼应；最后是门厅区白色的墙漆，使就餐区域与门厅区域有明显的划分。

| 门厅区白色的墙漆，使就餐区域与门厅区域有明显的划分

| 厨房为开放式，与餐厅相连

| 门厅区保留了原有的储藏空间，主要是白色的部分，储藏室是一个白色的门

| 餐厅区黄色图案的壁纸，与厨房的黄色有所呼应

厨房的黄色墙漆在此区域中面积最大，使人一进入厨房便有一种温馨的感觉

在橱柜颜色的选择上，由于厨房墙壁选择了大面积鲜艳的黄色，故橱柜选择了白色，从而中和平衡黄色墙壁给人带来的强烈的视觉感受

客厅电视区以简单的白色为基调，以有浓重色彩的家具为主体，使其与白色从色彩面积上达到平衡，加以灰色壁纸进行中和，使白色与黑色不会显得那么对立

在客厅沙发区，沙发背景墙的壁纸选择了与餐厅区一样的花形，仅仅是颜色上有区别，从而达到使两者相互联系的目的

► 客厅

客厅区域整合了客厅与书房的功能，使其合二为一。电视柜的功能更偏向于书籍的存放。电视柜功能上的小小改变，使工作区与休闲区过渡得更加自然。从颜色选择上也偏向于成熟与现代感 ，主色调为白色、黑色、灰色。窗边的绿植与茶几上的水果、鲜花起到了点睛的作用，使整个灰色空间充溢着丝丝生机。

| 客厅区域整合了客厅与书房的功能，使其合二为一。电视柜的功能更偏向于书籍的存放

| 客厅办公区通过电视柜功能上的小小改变，使工作区与休闲区过渡得更加自然

| 客厅和书房相邻，利用电视柜作为书柜，窗前设立书桌用来学习，办公区利用自然光采光

客厅整体1　从颜色选择上偏向成熟与现代感，主色调为白色、黑色、灰色

客厅整体2　窗边的绿植与茶几上的水果、鲜花起到了点睛的作用，使整个灰色空间充溢着丝丝的生机

客厅整体3　整体的软装配饰都在黑与白中找变化，例如用经典的黑白格靠垫和黑白花的奶牛皮地毯

▶ 主卧室

主卧室也选择了浓重的灰色，主要是为主人提供一个舒适的睡眠环境，保证其第二天能有充沛的体力来面对忙碌的生活。从颜色分配来看，选用了白色的家具，黑白色画框的挂画，以群青色抱枕进行点缀，使空间色彩更加灵动。运用灯光渲染气氛，使空间更加温馨。增加了床头台灯以及床尾落地灯，使其在整体偏冷的色调中增加丝丝暖意。

| 卧室运用灯光渲染气氛，使空间更加温馨

| 卧室也选择了浓重的灰色，主要是为主人提供一个舒适的睡眠环境

| 卧室床尾落地灯，使其在整体偏冷的色调中增加丝丝暖意

| 卧室整体从颜色分配来看，选用了白色的家具和黑白色画框的挂画，以群青色花抱枕进行点缀，使空间色彩更加灵动

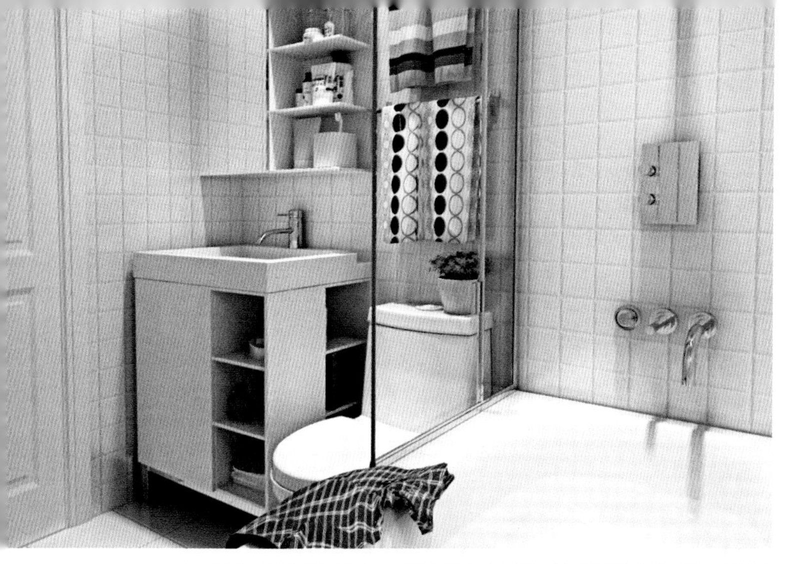

卫生间空间狭小，其设计也更加注重简洁实用，选择了多功能洗漱台、带玻璃隔断的浴缸

卫生间功能满足的同时，颜色上整体采用白色方格墙砖铺设

卫生间在原来厨房的位置，设计上干湿分开，这样可以有自然的采光通风，配饰上用绿色毛巾、窗帘以及绿植加以点缀，使其既简洁大方又生机勃勃

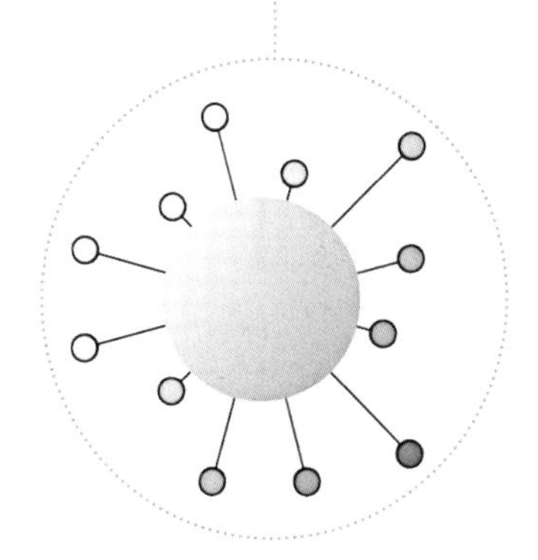

卫生间

卫生间空间狭小，其设计也更加注重简洁实用。选择了多功能洗漱台、带玻璃隔断的浴缸，颜色上整体采用白色方格墙砖铺设，用绿色毛巾、窗帘以及绿植加以点缀，使其既简洁大方又生机勃勃。

洗衣房

客厅旁边的阳台改造成了洗衣房，主要是为了满足主人的生活需求，使主人大量的洗涤工作可以井然有序地进行，每天都能以整洁干净的面貌迎接未来新的挑战。

客厅南边的阳台改造成了洗衣房

2 与猫共处

目标人群	积极向上、假期喜欢宅在家里的普通80后，以及和他们的3只猫宝贝
男主人	饺子，25岁，个性爽朗，在一家小杂志社工作。喜欢看历史书、漫画书、打游戏，有冒险精神，为人仗义。擅长棋类游戏，思维活跃，经常在散步的时候围观老人们下棋，然后很投入地加入进去。喜欢玩各类电子游戏、球类运动，很喜欢东方的文化和历史。高中时期对漫画的热爱一发不可收拾，上大学时曾投稿给编辑，并在一家很小的漫画书店做过兼职，而且一直在坚持自己这方面的梦想。他生活非常积极，认为没什么钱也要活得快乐。
女主人	汤圆，26岁，个性非常随和温柔，自己经营母亲的杂货店。同样爱游戏、爱动漫、爱看书，对动物超友爱。常拿食物到院子里喂流浪猫，也喜欢大型犬；不太喜欢逛街，喜欢阳光充足的院子，喜欢在家里或院子里看书；善解人意，极少抱怨，是个绝好的倾听者。
猫咪	1　虎皮猫：活泼，喜欢到处跑。 2　收养的野猫：很安静，喜欢睡觉，喜欢扑窗帘和塑料袋。 3　另一只猫：也是收养的，喜欢吃和睡，经常蜷在沙发上睡一天。

设计理念	男女主人是80后，青梅竹马，大学毕业就回到家乡结婚了，没有什么经济基础，结婚住的是女主人妈妈的一套闲置小户型。他们对待生活积极乐观，个性随和洒脱，假期喜欢宅在家里，喜欢柔和自然的颜色，喜欢房子的装修风格有生活气息。因此，设计风格为田园式或者乡村风格；在色彩上，用柔和的绿色和少量的黄色来体现自然活泼的氛围；材料上会大量采用木质、亚麻布等材质。 家里就小两口和猫住，在设计上没有考虑设计独立的门厅，鞋柜和餐厅用餐区相连。

► 设计风格

自然的田园乡村风格

► 户型平面上的改动

1. 把原来厨房的墙体打断，厨房改成开放式西厨，增加厨房空间与餐厅空间的互动性。
2. 把原来卫生间和储物间的墙体打断，增加卫生间的面积。
3. 把阳台原来的墙体打断，地面做了抬升。

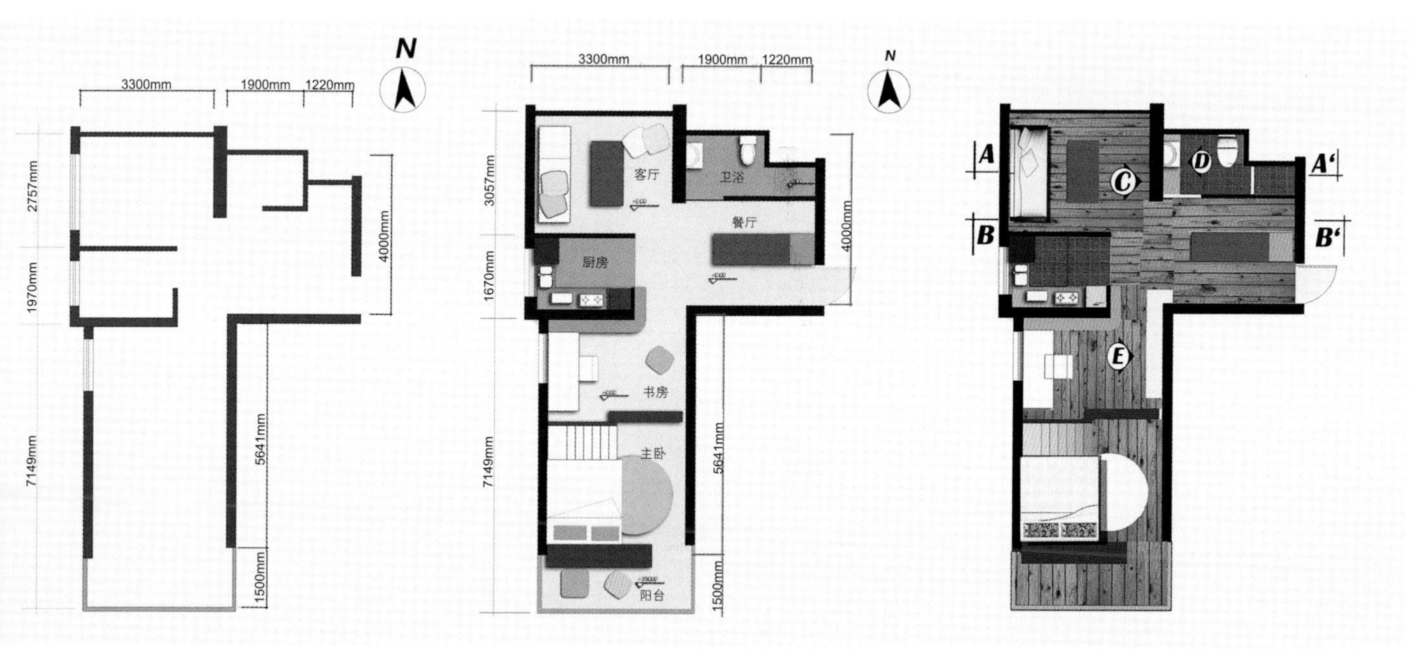

| 原始平面图 | 原始平面图 | 总平面图和总体图

居室空间设计平面说明

饺子和汤圆的家俯视图

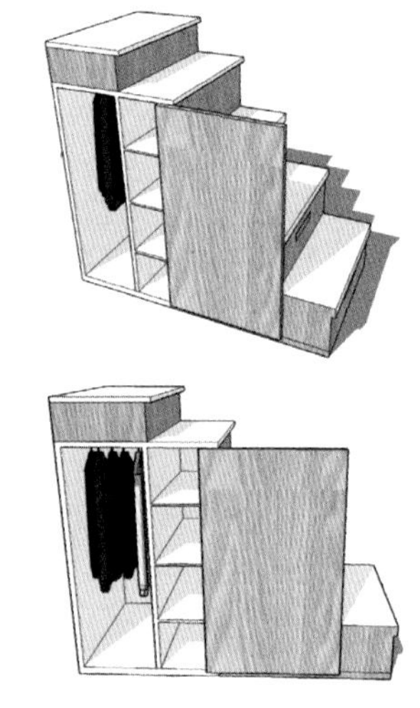

具有收纳作用的楼梯衣柜

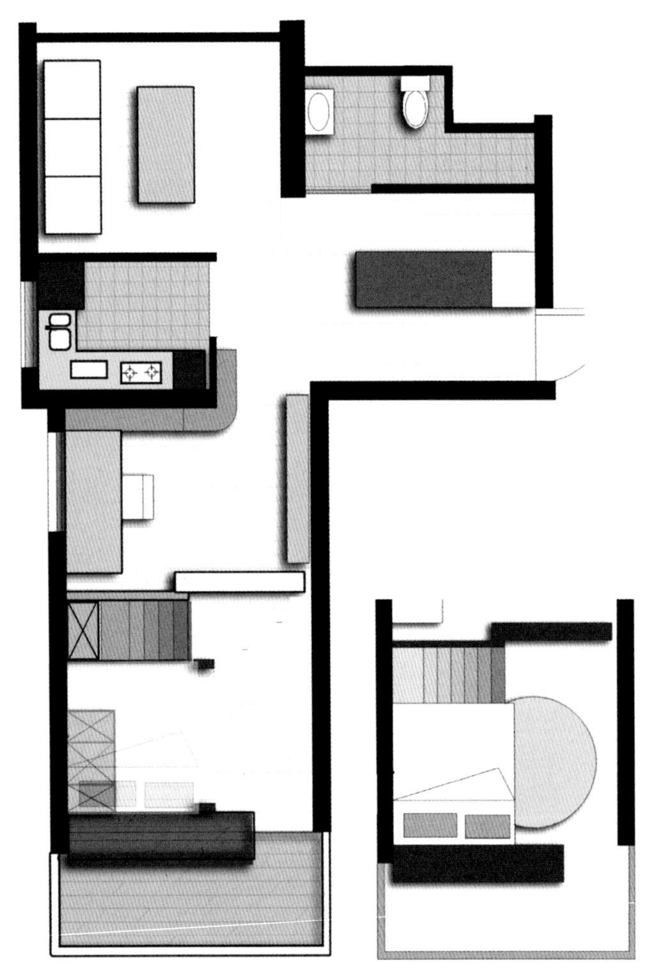

卧室床位架高2000mm，下面的空间配合特殊设计的具有收纳作用的衣柜和一个普通衣柜，和对面墙上的镜子一起为女主人提供一个小型的衣帽间。空间得以充分利用，并且使下方空间简洁通透，同时还可以配合阳台的小工作区域使用。

▶ 餐厅用餐区

进门处左手边的墙面用实木和镜面隔断的装饰板上有挂衣钩，板子和板子之间是镜面，在视觉上扩宽进门处空间狭小的感觉。右手边是一张大实木桌子加小鞋柜，这样的设计是让女主人在买完菜回来，随手就可以把买来的东西放在大桌子上，然后换鞋，之后再把水果、零食类留在桌子上，剩下的食物放进厨房，男主人回来时，往往一进门除了同样将包等物品放在桌子上，还可以随手马上吃到女主人之前准备的零食或水果。餐桌和条凳是木质的，样式属于最简单的，甚至可以自己动手制作，来客人时可以满足较多人就餐。

| 餐桌

| 女主人爱吃各种零食，因此绝不能少了放置食物的架子，相对而言将餐桌附近和厨房作为放置食物的主要地点，比较便于清理和对食物进行分类

| 以猫的视角看餐桌

| 通往卫浴的门关上后的效果。餐桌背后风景画的推拉门后是卫生间

| 用餐区，并没有特定的餐厅，在入口处放置一张自然简单的大木桌，简单实用，桌子对面的墙上安置了镜面，使空间在视觉上得以扩宽

| 门厅入口处的餐桌采用木质大桌子和条凳，体现自由的田园气息，桌子后方是卫浴的入口，推拉式的大门关上后像整面墙，在门上贴图或者绘图来缓解空间上狭小的感觉

| 卫生间的推拉门开合对比图：因为考虑到外面为就餐区，通往浴室的门设计为贴有图画的移动推拉门，在关上门之后形成一整幅室外风景，配合自然的设计风格和木质家具，淡雅清静的画面让人感到愉悦和放松

| 简单的中厨，以L形的设计满足基本需要

| 水盆放在窗前，汤圆可以在洗碗和洗菜的时候有很好的采光，洗衣机也是放在厨房里

| 卫生间的采光不足，因此墙面和洗手台面都选用白色的材质

► 厨房

厨房是明厨，选用中式厨房，距离餐厅和客厅很近，这是因为很多时候，男女主人并不一定都会在餐厅吃饭，男主人休息时，有时在客厅看电影或者打游戏，很喜欢坐在地上直接在茶几上吃饭，所以厨房的位置安排在离餐厅和客厅都很近的地方。

► 卫生间

在餐厅区后面，当推拉门关上的时候就像一整面墙，不会和用餐区冲突。卫生间的面积就是原来的卫生间加上储物间的面积，干湿分开设计。

| 卫生间立面

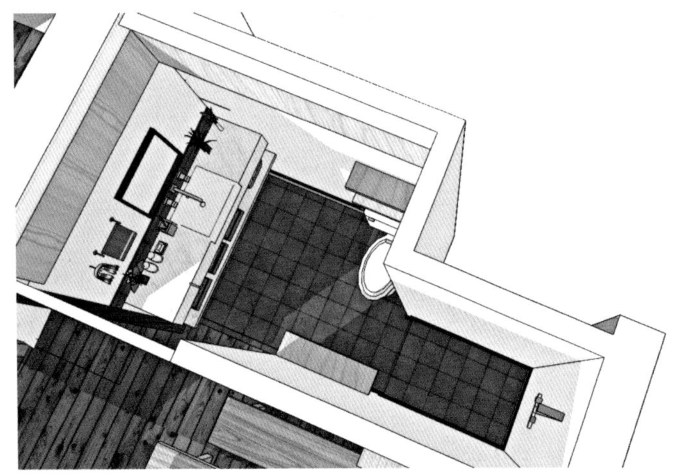

| 卫生间总览，做到干湿分开，把原来的储物间变成了淋浴区

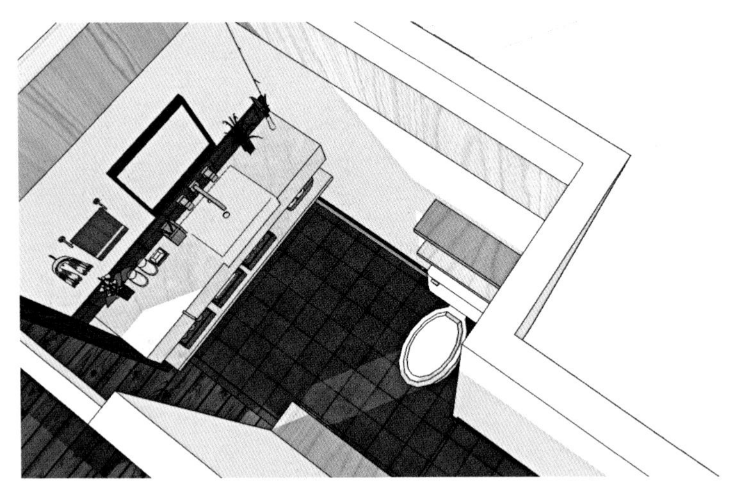

| 卫生间面积不大，所以设计得非常简单，使空间不那么拥堵

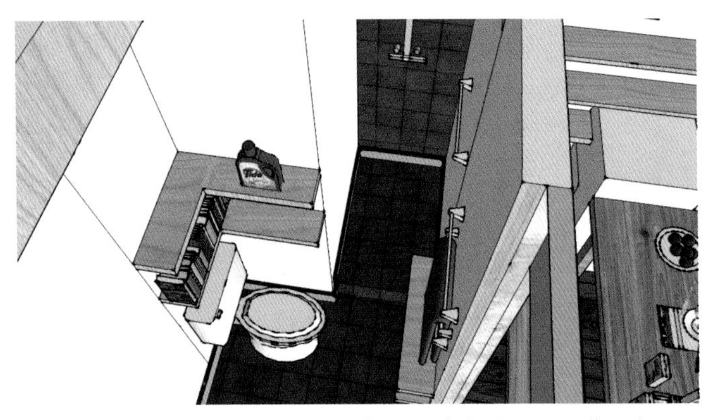

| 坐便器上面设计了架子，可以摆放一些生活用品，满足小两口的生活的情趣

| 洗脸台整体的台面使空间整体统一，白色大理石的质感增加了浴室整洁干净的感觉，适当放置植物来增加生活气息

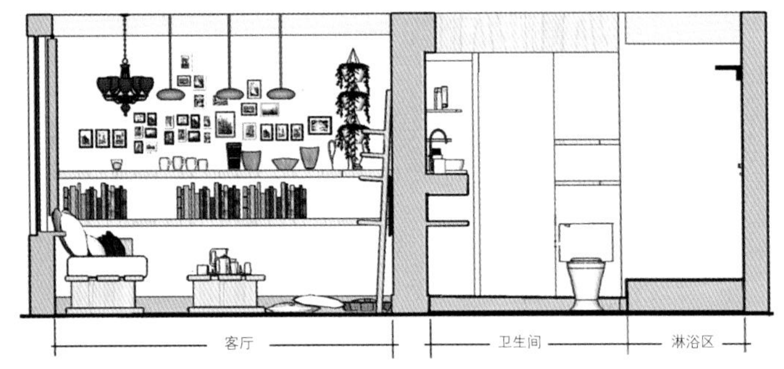

| 客厅—卫生间—淋浴区立面图

| 客厅—用餐区—门厅立面图

► 客厅

对于这家人来说，客厅大部分时间是娱乐放松的场所，并不会接待很多客人，主人又都是很随性的人，在客厅放置简单的一组小沙发和茶几，在地板上放张大毯子和很多抱枕，以满足主人们经常坐在客厅地板上打游戏的习惯。客厅同时也放置了猫咪们的窝和供它们攀爬玩耍的柱子。放置的沙发座是由单个组合而成的，当家里来客人时，这些沙发垫和沙发座可以拼成一张床，作为一间次卧。

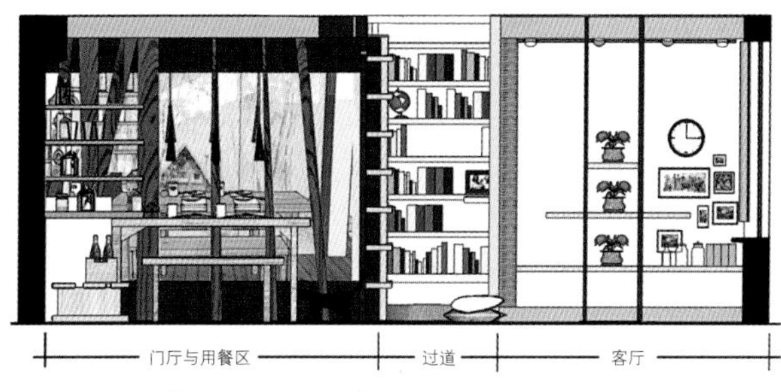

| 门厅与用餐区—过道—客厅立面图

| 客厅的局部陈设

| 客厅俯视图

| 客厅里斜置的书架

| 客厅里电视旁的架子和猫咪的窝

| 客厅里的视听区，有亚麻布艺沙发和两个实木的茶几，可以拼起来也可以分开，还有猫咪喜欢的牛皮地毯

| 客厅里存放了很多光盘，都是小两口的最爱

| 客厅可以用来下棋和看书

| 客厅里的绿萝被猫咪用来荡秋千

| 客厅里饺子和汤圆最喜欢待的地方

| 客厅里沙发变床的俯视图

| 沙发组合效果图

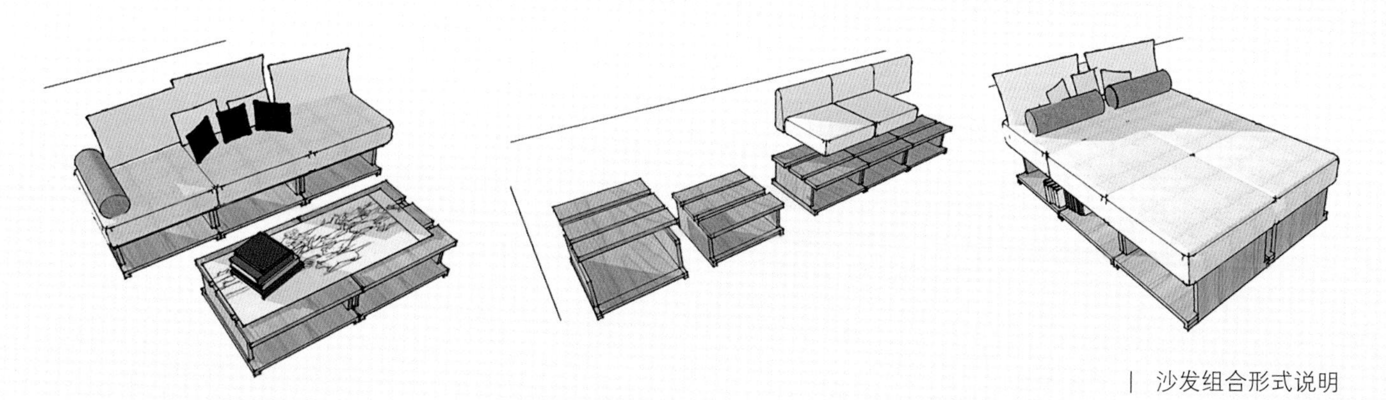

| 沙发组合形式说明

| 作为书房

| 书房设计了木质大台面写字台和书架，采光良好的房间能给人自然、朴实、舒适的感觉

▶ 书房

主人读书的时候并不要求有固定的区域，因此，这里的设计并不是很绝对的书房，而是一个与主卧之间的过渡空间，由此通往主卧的门是整个推拉的书柜墙。窗台前是张大书桌，男主人虽然没有很多工作需要带回来，但由于爱好广泛，这里也可以供他们学习感兴趣的问题。将来他们有小孩的时候，这里可以改造成一个小儿童房。书桌对面是书架正面，当书柜门合上的时候，这个空间三面都是书架，绝对可以满足主人对书的热爱。

| 由书房改造而成的儿童房，将书柜墙推开后就是主卧，这样的设计既能让父母及时照顾到小孩，又保有各自的私密性

| 书房（儿童房）书柜墙开合的对比示意

儿童房与主卧相邻，隔着一面书柜墙，儿童房的位置能让父母及时照顾到小孩，中间的书柜墙又能保持一定的私密性。儿童房与主卧采光都较为明亮通透

客厅的沙发是组合式沙发，当父母或朋友来访时，可以将其简单地组合为一张双人床，从而使客厅变为一间次卧，变动之后空间仍旧能满足活动需要，非常方便灵活

书房的改造是考虑户主在未来几年内有小孩之后，可以将其改造成儿童房，这里改造成儿童房既能满足小孩与父母之间的联系，又有良好的采光，并且空间较为灵活，改造起来并不麻烦

儿童房及次卧平面图

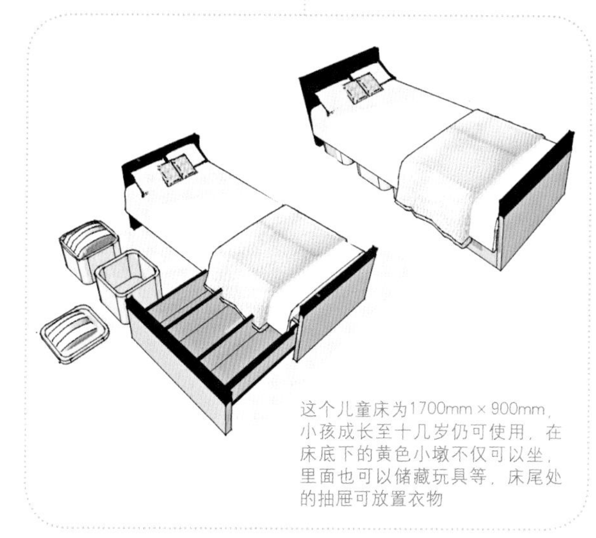

这个儿童床为1700mm × 900mm，小孩成长至十几岁仍可使用，在床底下的黄色小墩不仅可以坐，里面也可以储藏玩具等，床尾处的抽屉可放置衣物

儿童床功能示意

▶ 主卧

女主人喜爱阳光，因此主卧选在阳光最好的南面，这样的安排也满足了空间对私密性的要求。同时，为了满足衣物的收纳，将床的设计架高，在旁边设计了一个楼梯柜，床下是一面大衣柜，楼梯柜也内置一个衣柜，充分满足衣服的收纳需求。床沿还设计了一排书柜，这种设计并不是为了满足在床上阅读的习惯，而是为了实现阳台的功能。在他们有小孩之后，书房将变为儿童房，因此在主卧里的阳台设计了一个桌面，以连接高架床下面的那一排书柜，构成了一个小的工作空间。这样当书房不存在的时候，仍旧有一个空间可以用来较集中和长时间地学习、读书。

| 书房阳台总览

| 卧室床下方空间衣帽间示意图

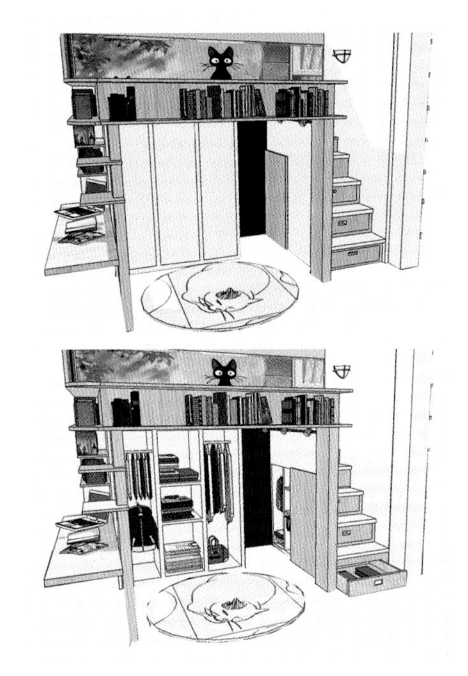

| 衣柜功能示意图对比

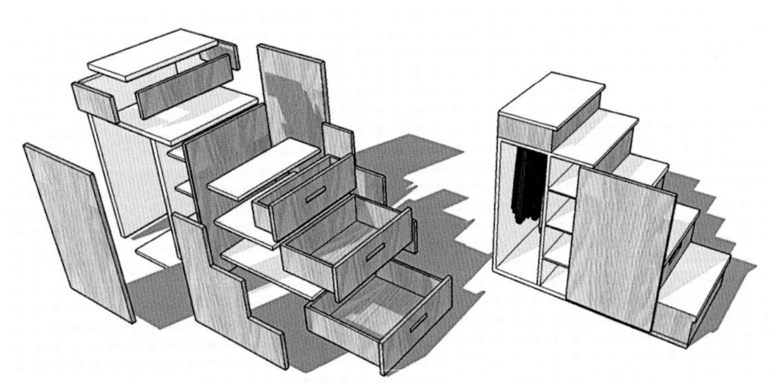

| 上床的楼梯和衣柜的分解示意图

卧室—阳台的小学习区

卧室—楼梯作为收纳空间并不全部都是抽屉形式，而是有了一个小衣柜，能放更多衣物

从阳台的学习区和卧室往客厅看去

卧室—床位抬高以增加使用空间

| 功能与人体尺寸图

| 立面图1、2

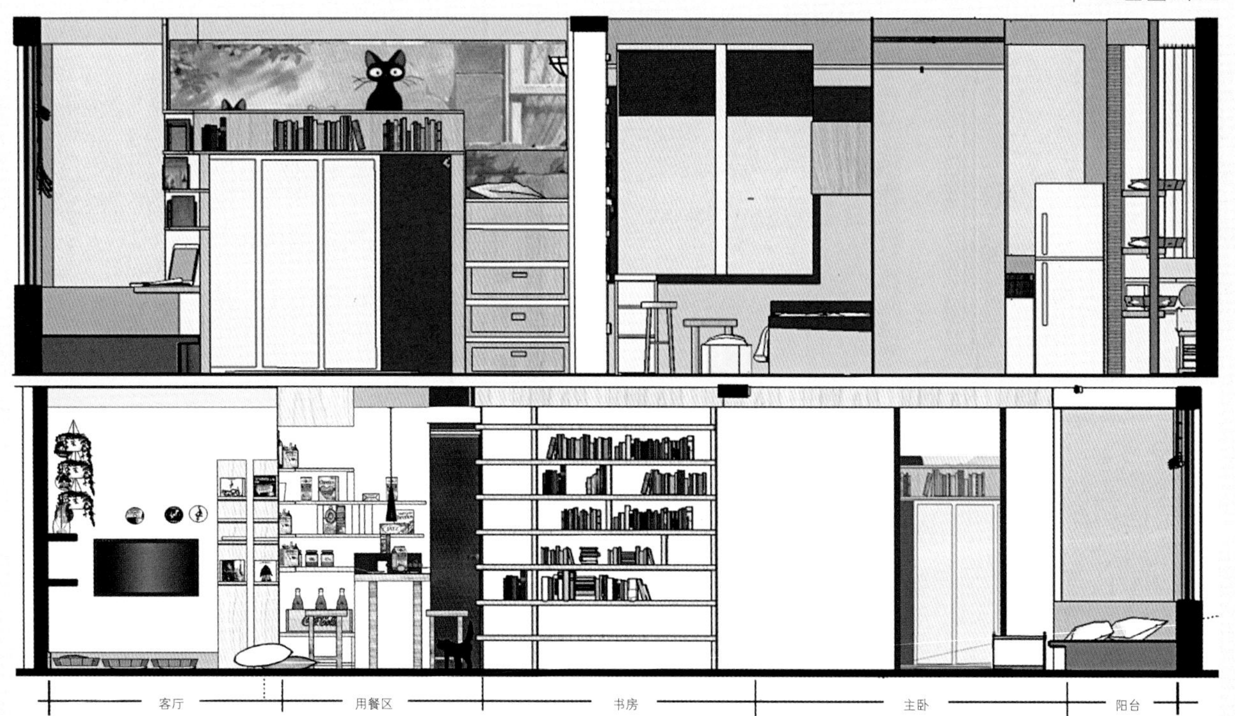

► 色彩分析

主人喜欢柔和自然的颜色，喜欢动漫，从日本动画场景里提取色彩和色调：爱猫，所以从宫崎骏《猫的报恩》里提取各种柔和的绿色；喜欢自然而清新的乡村风格，所以又从《岁月童话》里提取颜色。

当然，陈设和植物都会根据主人的喜好来确定。对此他们的要求是：由于经常会买很多可爱的小玩意儿和动漫，所以架子上很多都是这类东西。书房的改造会分两步，分别在小主人幼年时和成年时会发生改变。

| 室内色彩及其比例

| 色彩与设计来源

| 色彩与设计来源

| 室内材料

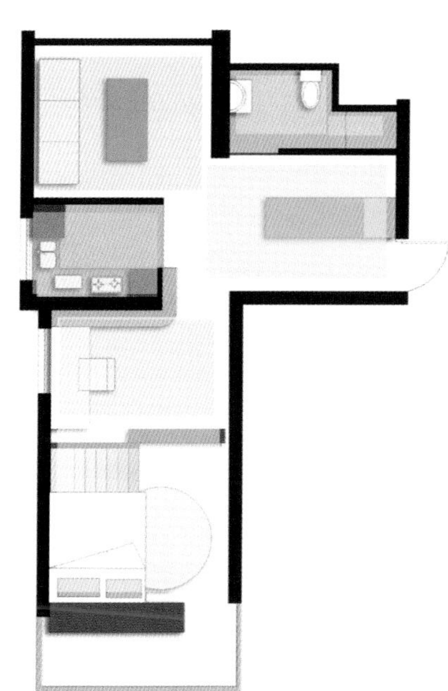

| 色彩搭配示意图

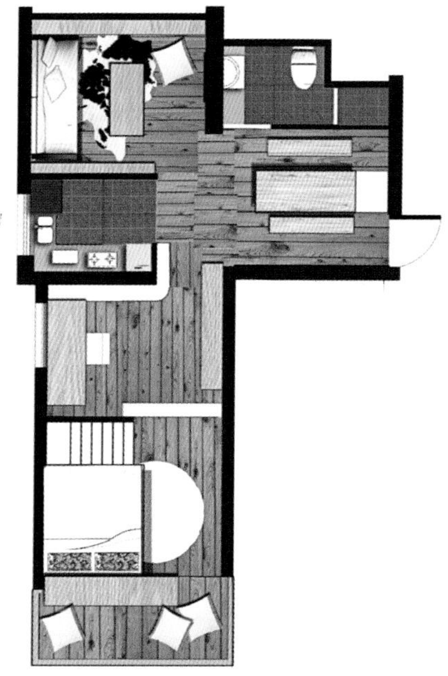

| 材料搭配示意图

► **设计风格**

工业复古

家可以不大，但一定要精致、舒适、有安全感。

目标人群	以男性为主导，有一定文化修养的70、80后家庭
男主人	工业设计专业研究生毕业，32岁，某汽车品牌汽车造型设计师，喜欢旅游，喜欢收集各式各样的汽车模型，工作的便利使他能够获得公司最新的、做工优良的汽车模型，希望家里能有专门的地方陈列展示他的爱好，希望打造个性化的家居。
女主人	艺术设计学专业研究生毕业，30岁，时尚造型师，是个购物狂，喜欢淘各种有创意又便宜的东西，喜欢看书，有点恋旧，家中有很多过期的杂志、过时的衣服，但这些都曾是女主人的心爱之物，不忍心把它们丢掉，因此希望家中有较大的储物空间，储藏女主人的青春记忆。
客户需求	小两口在偌大的北京城里编织了关于家的梦想：温馨、时髦、实用、有个性是他们理想中的家居生活。 关于孩子，二人正处在事业的关键期，暂时不考虑要孩子，但家中要提前准备好儿童房，为以后孩子出生做准备。由于二人平时工作很忙，工作日没有时间照顾孩子，需要老人帮忙在家照看，因此次卧的设计需要考虑有足够的空间来容纳两位老人及孩子。
设计理念	由于业主为前沿设计师，希望打造个性化的家居，体现出主人的思想，因此本套方案主要采用后现代的装修风格，打造“工业复古式家居”。本方案尽可能地利用高度差异来丰富小空间的层次感，将金属制品的时尚感、工业感融入到家居设计中，使之与家中的木质材质、布艺材质相融合，从不同的角度诠释家的设计和温馨。

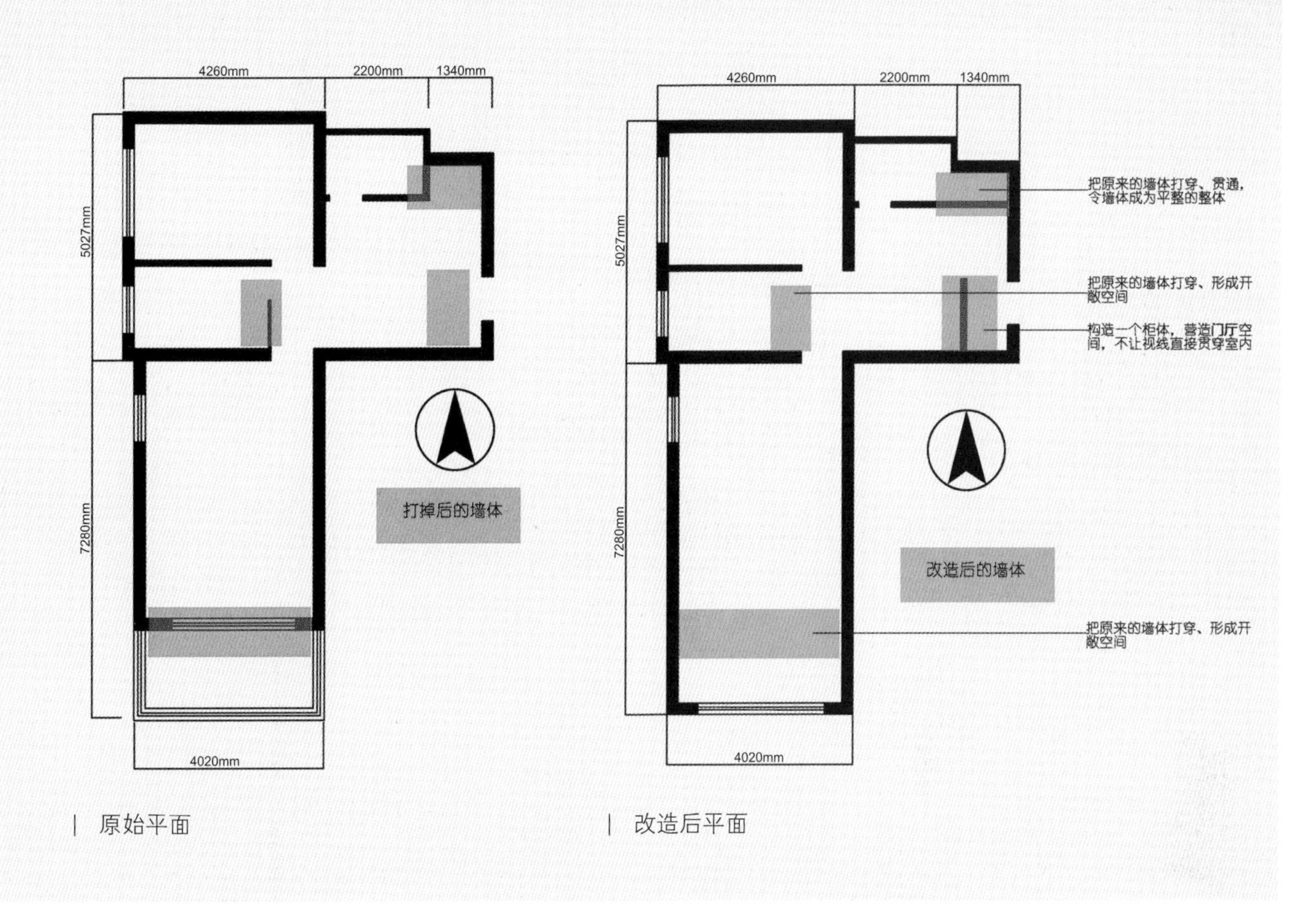

| 原始平面

| 改造后平面

► 户型平面上的改动

① 把原来厨房的墙体打断：厨房改成开放式西厨，增加厨房空间与餐厅空间的互动性。
厨房西面房间的墙体也有改动，和柜体床体结合。

② 把原来卫生间和储物间之间的墙体打断，将储物间的墙体和卫生间的墙体连接取平，这样卫生间的面积就扩大了，原来的储物间则成为淋浴区。

③ 把阳台和南向的房间打通，安置一个大的工作台，形成一个很好的学习工作空间。

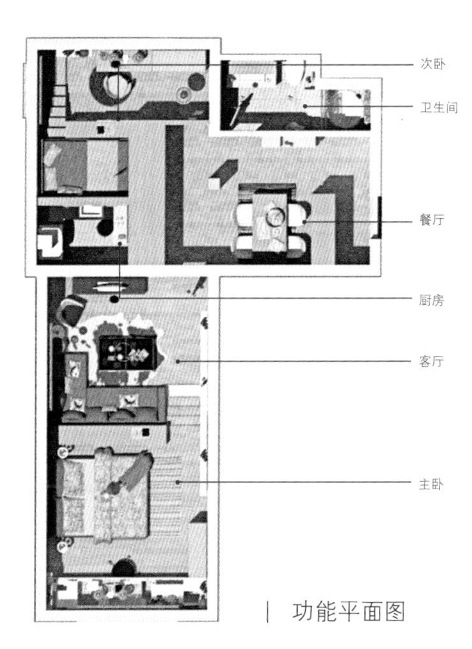

| 功能平面图

门厅的另一面设计了一个较大的钟表，以柜面为表面，体现出主人不同的生活追求

▶ 门厅

本方案中，门厅的设计方便临时衣物的储存。将门厅与室内空间相分割，中间镂空的空间让门厅与餐厅又有联系，丰富了空间的流通性。再加上植物点缀，更显生命的活力。

铁门材质与木制家具相结合体现出工业感。将客厅的柜门设计成玻璃材质，既能拓宽室内空间，又能给人以现代感

门厅的设计方便临时衣物的储存。门厅与室内空间虽然相分割但又有联系，中间镂空的空间让门厅与餐厅也有联系，丰富了空间的流动性，再加上植物点缀，更显生气

▶ 餐厅

门厅的背面是餐厅，设计了一个大的时钟，以柜面为钟表的表面，体现出主人作为设计师不同的品位追求；餐厅的展示柜主要是满足男主人要求，在上面摆放其心爱的模型；餐桌采用简洁的木质工艺，餐椅采用简约风格的潘顿椅，充满设计感。

现代的潘顿椅与木制家具结合，外加金属感的相框，体现出工业现代感与家的温馨

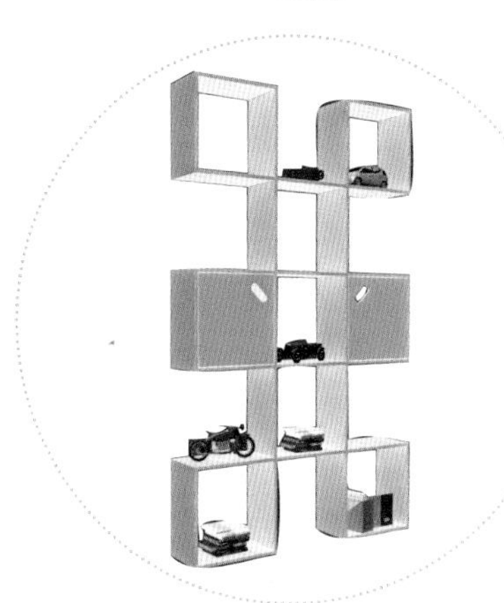

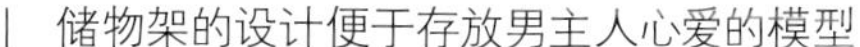

储物架的设计便于存放男主人心爱的模型

把钟表与门厅柜背板相结合，使空间更加有创意、有装饰性

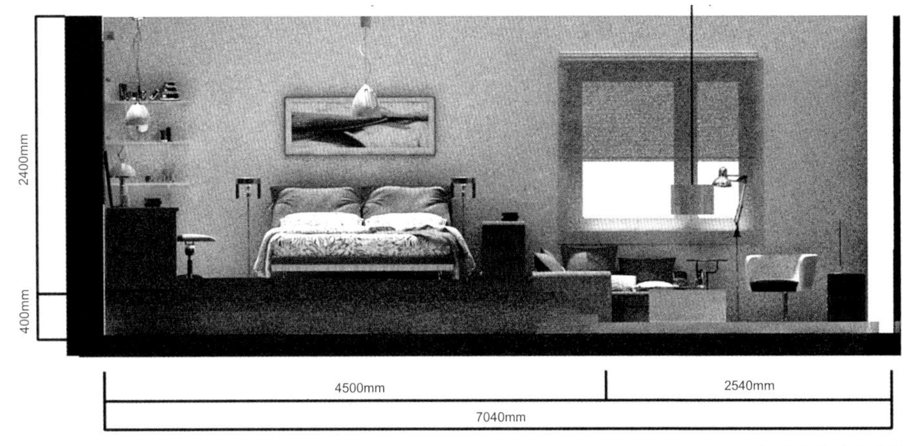

| 卧室立面图

► 卧室与客厅

为了节省空间，将客厅与卧室联系在一起，用台阶将两部分划分开来，为了节省储物空间，充分利用了地面抬高的优势，将楼梯内部设计成储物空间，有效利用了死角空间。本方案还采用了现代与传统对比的方式，引入中国经典框式结构家具，如储物柜及电视桌，虽有对比但不突兀，传统与现代相结合体现出主人与众不同的生活情调。

| 卧室充分利用了阳台资源，建立了“阳台工作室”，宽长的桌柜丰富了储物空间，让家的氛围更浓

| 卧室整体效果图

客厅采用半围合式沙发，可以节省空间，拉近家人之间的距离，茶几的造型独特，通过玻璃表面可以看到内部的储物情况。

床与沙发凭借一个矮书架分隔，再加上高差，丰富了室内空间的变化，有生活的味道。卧室充分利用了阳台资源，建立了“阳台工作室”，宽长的桌柜丰富了储物空间，让家的氛围更浓。

| 床与沙发凭借一个矮书架分隔，再加上高差，丰富了室内空间的变化

| 简化古代木制家具用铁皮柜置换，既有古典气息，又有现代之感

| 茶几造型独特，通过玻璃表面可以看到内部的储物情况，既方便识别，又充满生活情趣

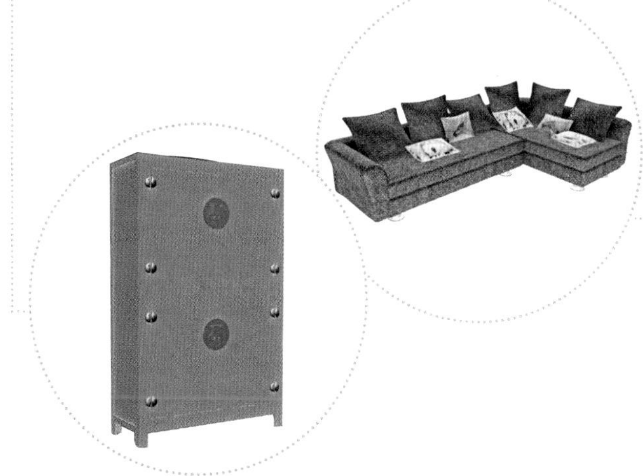

| 客厅采用半围合式沙发，节省空间，拉近家人之间的距离

厨房的墙体与次卧是一个整体，通过各种形式的掏空来节省空间

厨房加上吧台椅，使空间更加丰富，使家居更有情调

厨房

厨房空间相对较小，厨房与次卧相连，这样能充分利用相互的空间，将储物功能达到极致，再加上早餐桌与吧台椅的点缀，使餐厅更实用舒服。

厨房效果图

厨房立面图

► 次卧

次卧是书房兼未来的儿童房，为了满足各种空间需求，充分利用储物空间，本方案将儿童床提高，用阶梯连接，制成储物柜，这样就充分利用了房间的上部空间，达到了充分利用空间的效果。在儿童床床尾处，将隔板移开，可以把腿放在床尾部的空隙里，利用这样的空间做成一个床上的小型学习办公空间，解决了在床上办公蜷腿而坐的不舒适状况，取而代之的是更人性化、更舒适的学习办公环境。

| 每一个台阶都是一个抽屉，丰富了储物空间

| 将底层的抽屉拉开便是简易的沙发床，当家里来客人，或是老人来照看小孩时可以用来休息

| 白色的柜门与木色的家具相结合，体现出家具的现代感，床侧设有平台，方便储物

由于小两口平时工作很忙，如果有了孩子就需要老人照看，这就要解决老人的住宿问题。次卧中，上部的儿童床宽度为1600mm，完全可以容纳两个成年人，在柜子的下部，还存放了一个小的沙发床，可以在孩子大一点的时候使用（小的时候可以用摇篮），如此设计就解决了房间的收纳、居住问题，并且使空间构成更加有趣。

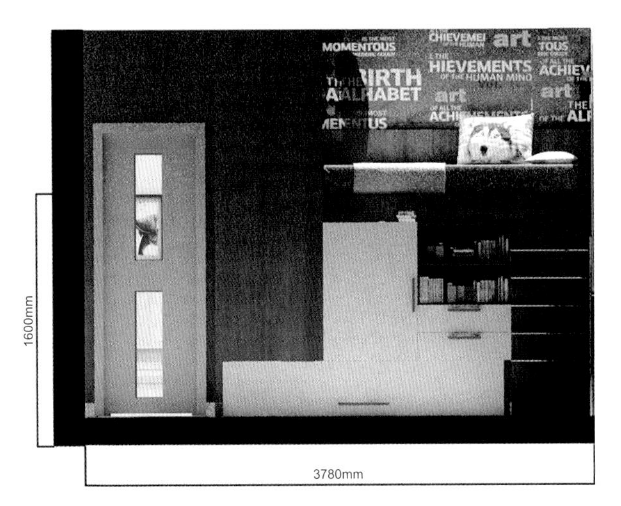

▶ 卫生间

卫生间也采用高差区别以丰富空间流向，沐浴间墙上铺设了玻璃马赛克，尽显复古怀旧。

▶ 色彩与陈设

设计为了体现出工业感后现代家居的特点，整体色调主要采用白色、灰绿蓝色，陈设局部采用金属材质饰品，使室内色彩与众不同。但由于灰绿蓝色、金属材质颜色偏冷，为了不让室内空间显得过于“冷漠”，本设计局部放置了米黄色软包、布艺物品以及木色家具。布艺陈设给人温馨、柔软的感觉，打破了金属冷冰冰的感觉；实木本身便是最原始的家居材料，给人亲近自然的感觉；布艺与实木相结合便营造出一个温馨、静谧，既现代又复古的家居空间。

卫生间采用高差区别以丰富空间流向，经过四级阶梯，设有浴桶，另类的空间设计给人以新鲜感。沐浴间墙上铺设了玻璃马赛克，尽显华丽

米黄色瓷砖与木色家具相结合，体现出家居设计的现代感；镜子与吊柜相结合，节省了空间

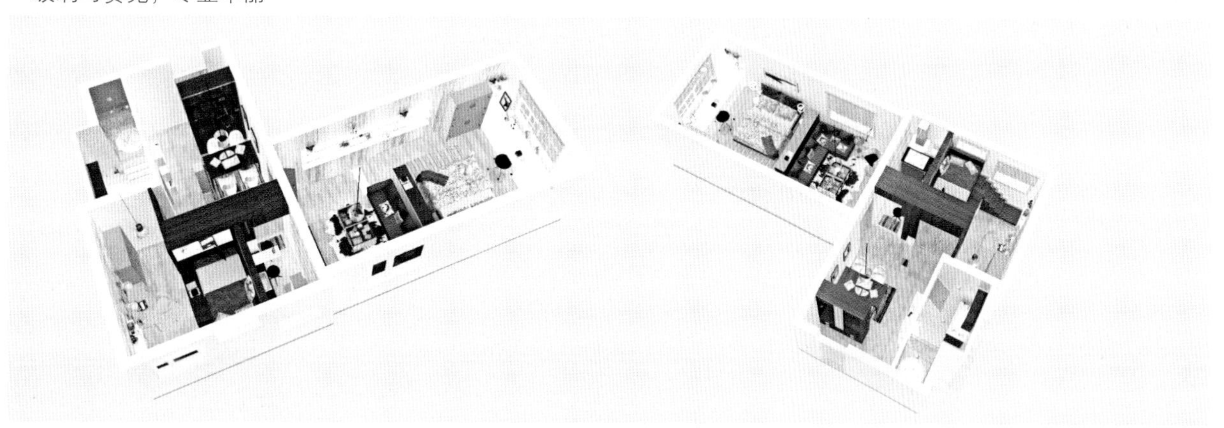

4 柔软的石头

目标人群	单身女青年
女主人	文娜，27岁，北京某大学艺术设计专业毕业，具有时尚的艺术品位，目前在一家外企业从事设计文案工作，崇尚自由随性的生活理念。喜欢购物，热爱泡澡，通过泡澡来缓解工作和学习中的压力，爱看电影，最近迷上了一部美剧——《吸血鬼日记》。月收入10000元～12000元。喜欢的颜色是红色、白色、黑色、蓝色、灰色。
设计理念	1　空间要明亮、通透，因此厨房、卧室和卫生间都设置在有窗户的空间里，卧室和阳台之间增加了一面墙，但中间掏空形成一个相对私密又通透流通的空间，阳台采用一整面落地窗，意在最大限度地让南边的阳光洒入整个空间内。 2　小户型利用弧线连接，实现了角落空间的利用和收纳功能，使空间动线更流畅灵动，内部也有充分的实用性。为了使小户型看起来整体有序且实用性强，设计的一个亮点在于阳台的抬高，地面向下做了一些储物空间，上面是透明玻璃材质，可以直接向上打开，是兼装饰和实用于一体的设计，可以随着主人的喜好自由选择、随意摆放，简单时尚。 3　注重空间的多样性和灵活性。空间内的沙发、靠垫和床全部采用“smart stones”鹅卵石造型，可以根据自己的需要自由组合搭配，大小尺寸可以定制。

现代人在关注社交网络的同时还要关爱家人、亲近自然。不管是沙发、靠垫还是玩具，打破家具与家饰的界限，把暖软的石头搬进房子吧。栩栩如生的鹅卵石造型、高度弹性的填充物覆以触感舒适的毛质面料，这大大小小的一堆石头散乱地放在地上和墙角，像石头一样柔软的，还有你需要恢复柔软的触角……

► 设计风格

时尚风格

自在　自由选择　自由改变　功能个性　颜色明亮　亲近自然

► 适合人群

单身青年

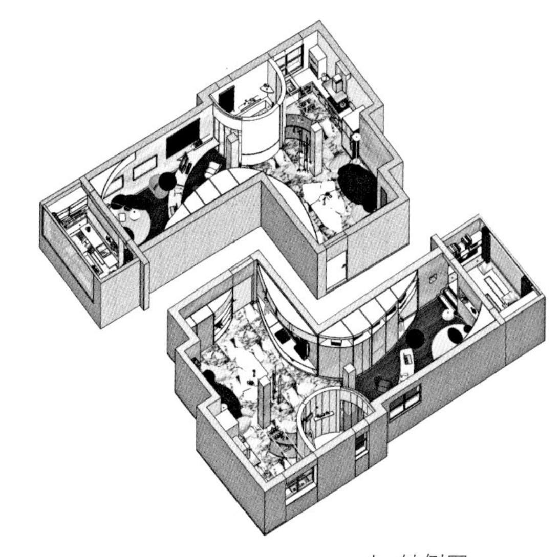

| 轴侧图

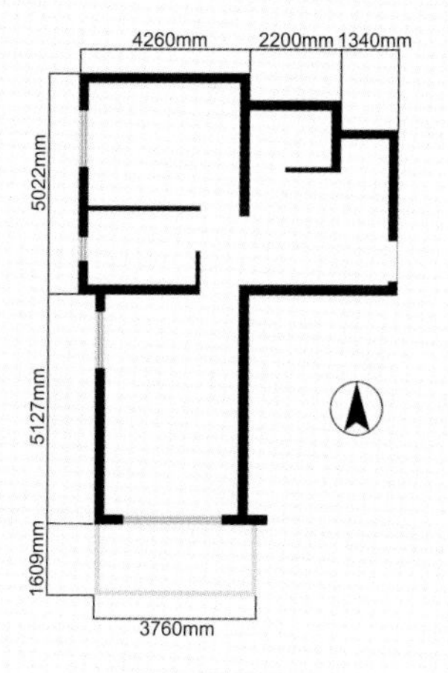

| 原始平面标注

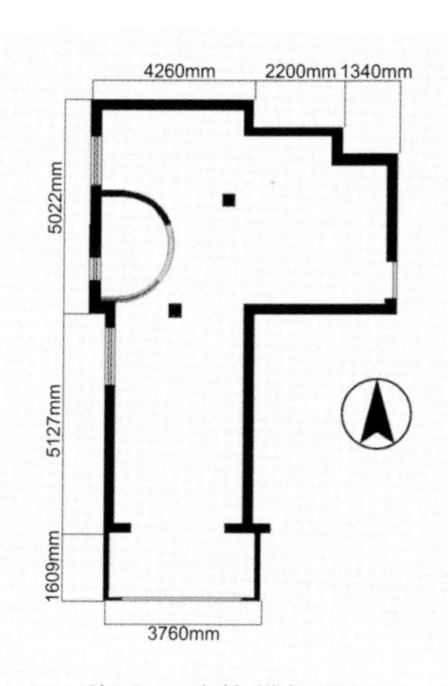

| 修改后墙体带标注

► 户型平面上的改动

① 将客厅、餐厅和卧室的墙体全部打通，使拥挤的房间联通起来，变得自由和宽敞。

② 将卫生间的墙体改成半圆形，既节省了空间，又能使空间显得活泼灵动。

③ 将原来的厨房改成卫生间。

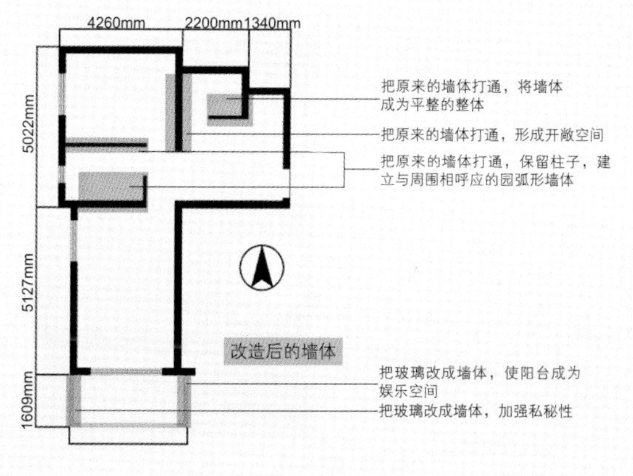

| 改造平面说明

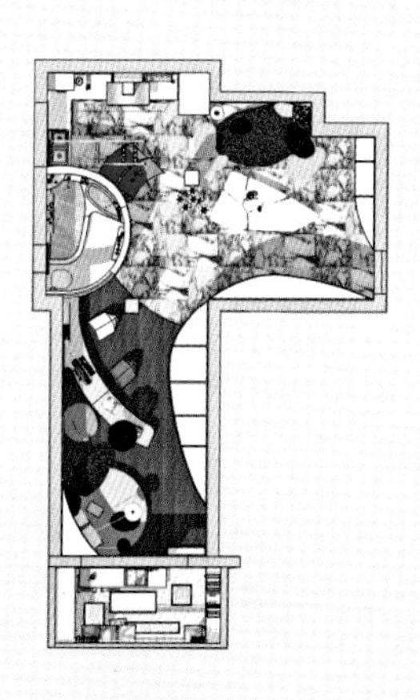

| 平面图

| 地面采用大花白理石，鹅卵石造型的沙发散乱地放在地面和墙角，自由选择搭配，沙发前一张扎哈的茶几，体现了主人独特的品位

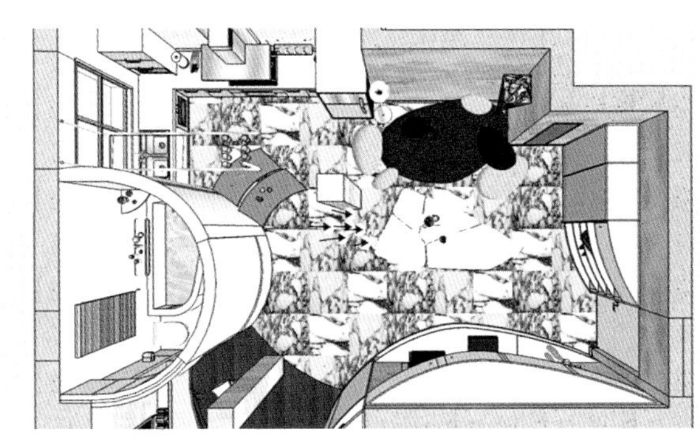

| 客厅的沙发如随意堆砌的深灰色石头，但很绵软舒服

| 电视背景墙及桌柜是根据整个空间量身定做的，采用弧形，使空间变得流动

| 整个客厅的设计很时尚、简约

▶ 客厅

餐厅和客厅形成一个整体，在功能上兼具会客、就餐的功能。放置一台大的3D电视，在家也能享受如同在电影院般的观影品质；摆放两个弧形小桌，朋友来访时可以拼成一个大的餐桌；客厅的中间放了一张由扎哈·哈迪德设计的茶几，显示出主人的个性和对设计的追求。

▶ 厨房

厨房的色调以黑白为主，体现一种时尚的气息。冰箱与橱柜一体化，跟随了当下的流行趋势，同时也注意到干、湿分区的要合理性。

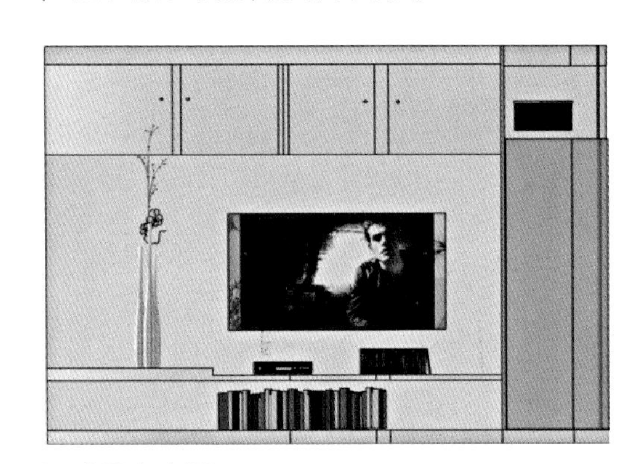

| 客厅南立面

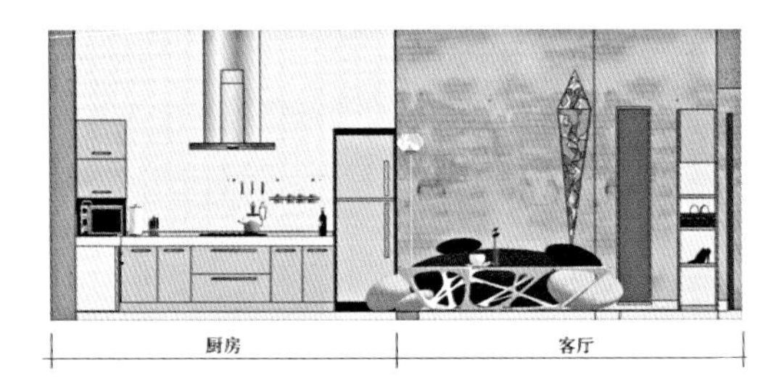

| 厨房和客厅北立面

| 开放式厨房与客厅相连接

| 厨房、餐厅和客厅相邻

| 开放式厨房

| 餐厅采用浅色的整体橱柜，墙面用浅色马赛克，与整个空间相呼应，局部用亮色家居用品点缀

| 厨房和餐厅是个模糊空间，餐台既可以做为厨房的料理台面，也可以折叠收纳，两张弧形可移动小桌与整体相协调，而且可以拼接成一体

| 卧室书房俯视图

► 卧室

一整面墙的整柜，采用玻璃推门，可以对柜子里的物品一览无遗，流线型的设计符合这个空间的需求；入口处的设计隐形地将客厅和卧室有所区分，中间是一个长条的推拉式工作台，不仅满足屋主的工作需要，而且在视觉上和心理上对工作和休息区域进行了区分，在不工作的时候可以往里推，使整个空间变得宽敞和活泼多变。

| 从书房开始就是木地板铺地，且做了合理的材质分区，素水泥的墙体上配有现代的简单线条装饰画

| 客厅到卧室是一个开敞式的空间，通过中间的书桌增添一些私密性

| 书房在弧形的空间中流动

| 书桌后面是落地衣柜，造型根据空间设计成弧形，采用透明玻璃推拉门，使得里面的东西一目了然

| 书桌前摆放了一红一白两把潘顿椅，使整个书房顿时有了新的内容

| 卧室和书房紧邻，圆床的设计以及黑色石头抱枕不断重复着“柔软的石头”的主题

| 卧室兼具休息和学习两种功能，采用木地板，与客厅相区分，空间以素水泥为主要颜色，床边墙面采用浅色壁纸

| 书桌可以展开，变成大一点的工作台

| 阳台比卧室抬升了300mm，三级台阶兼具储物功能，上面采用透明玻璃，可以看见里面的东西

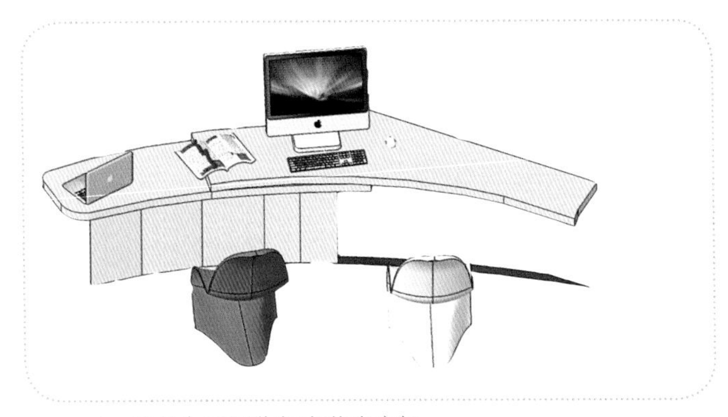

| 书桌也可以收起来节省空间

▶ 阳台

一个天然的兼具休闲、娱乐、阅览功能的活动室。采用一整面书柜，根据屋主的需求随意摆放。地面抬高两个台阶，地面向下做了一些储物空间，上面是透明玻璃材质，一目了然。靠里墙的位置做了一个可折叠的台面，需要的时候可以立起来摆放物品，如果几个闺蜜来家里做客，阳台也可以放个床垫，做卧室之用。

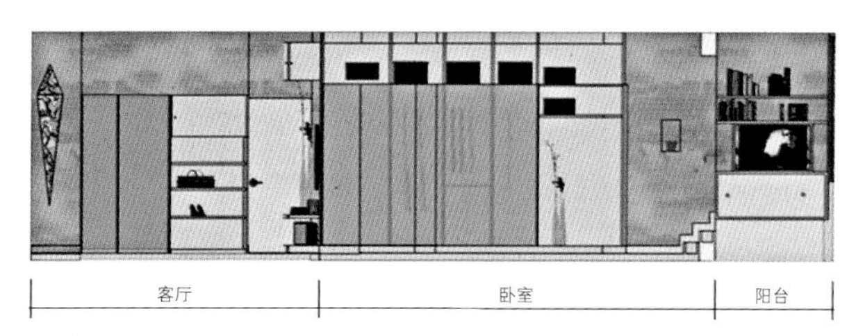

| 客厅、卧室、阳台东立面

| 工作台效果图，在不需要的时候可以放下来，节省空间

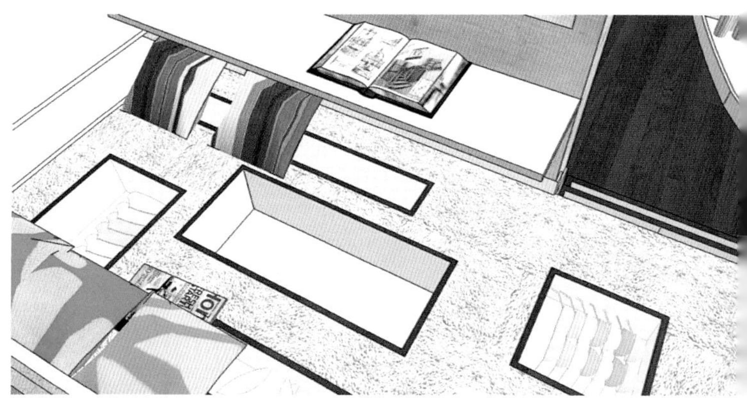

| 书柜效果图，整体采用素水泥，电视柜局部采用大花白理石，与整体空间相呼应

| 台阶就是地柜，可以存放内衣、袜子等很多文娜的小玩意

| 文娜可以在阳台上晒太阳、看书

| 把阳台到卧室的窗户打通，使空间更加通透

| 阳台东面和西面的窗户都改成了柜子，可以做为书柜和杂物柜

| 阳台地面采用的是白色地毯满铺，增添舒适感，工作台是可调节的，在需要的时候将其立起来，当书桌使用

| 阳台俯视图

| 阳台和卧室中间是一道半镂空的墙，增添了采光和趣味性，墙面和台面采用素水泥，与整体空间相呼应

| 阳台做了整体抬升，使其具有很强的收纳性

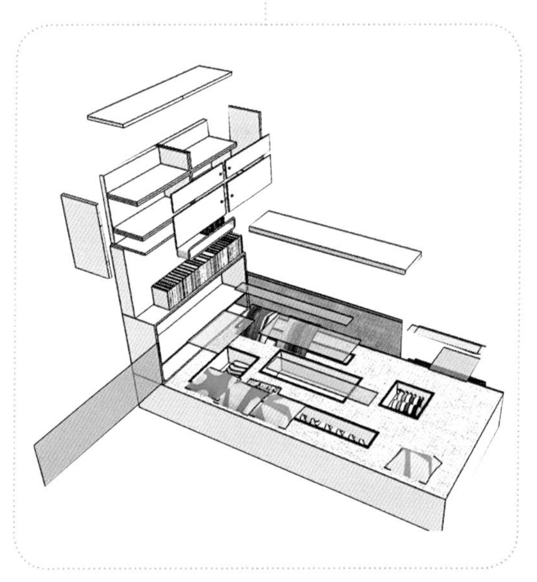

| 阳台的书柜和台面的分解图

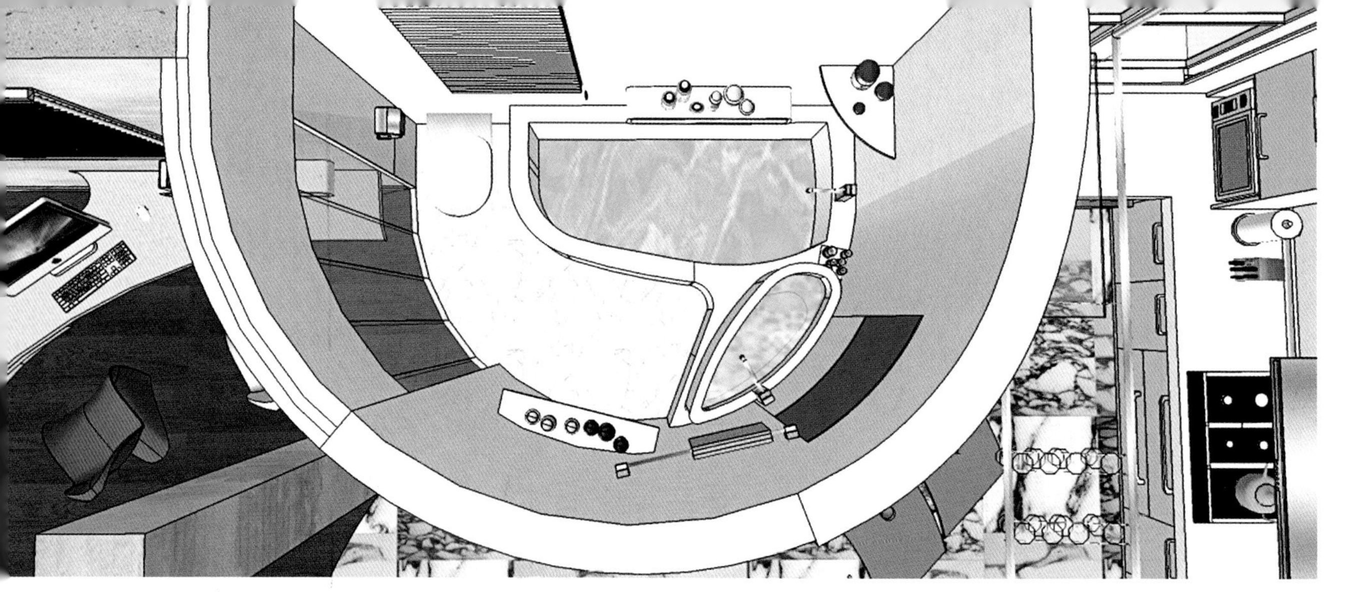

| 卫生间俯视图

► 卫生间

采用半圆形空间，透明玻璃推拉门，节省了空间。以白色为主调，不做过多的装饰，地面采用大花白理石花纹石材，墙面采用仿马赛克瓷砖，浴缸和洗手池都是为这个空间量身选定的，如厕空间临窗，卫生间整体采用浅色调，可以在静止的时间里在阳光下捧本书入浴，或是眺望远方，放松心情。

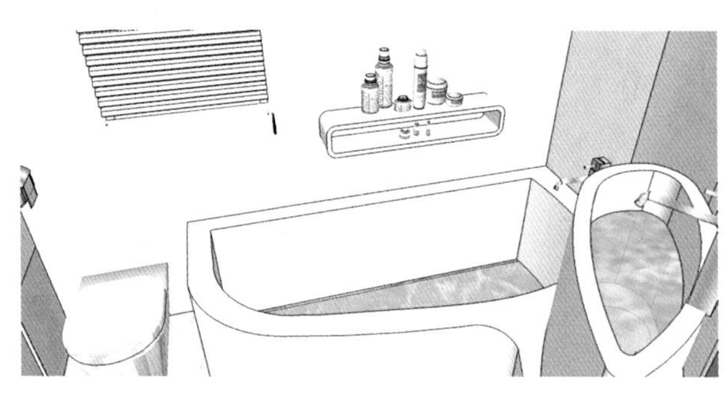

| 马桶选用最小尺寸

| 卫生间空间整体都采用暖色的马赛克，洁具整体选择白色，显得干净

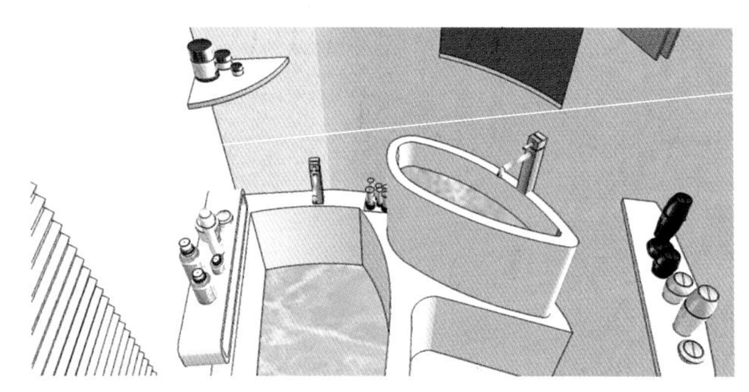

| 台板是随着弧度做的造型

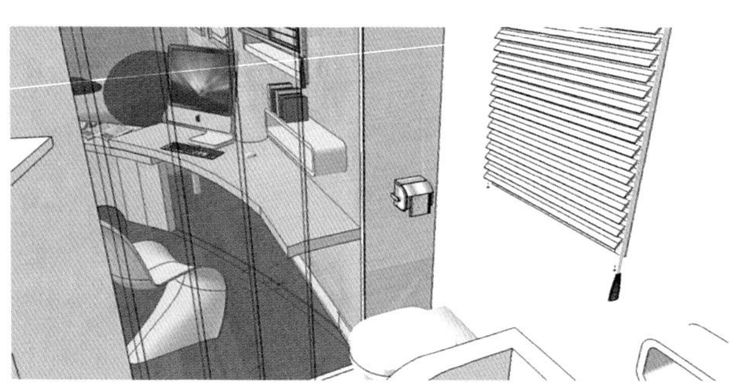

| 卫生间入口采用透明玻璃推拉门

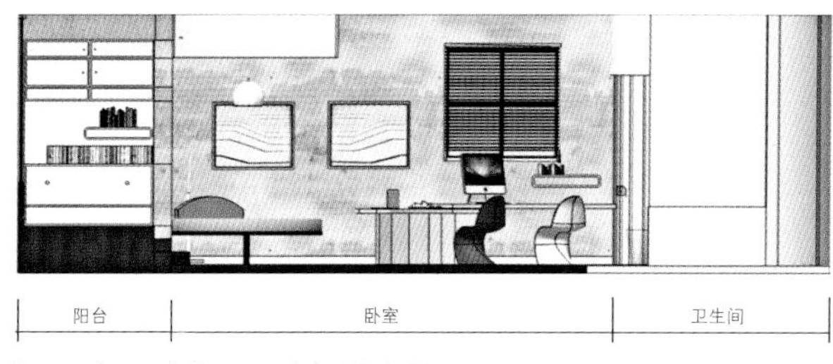

| 阳台、卧室、卫生间西立面

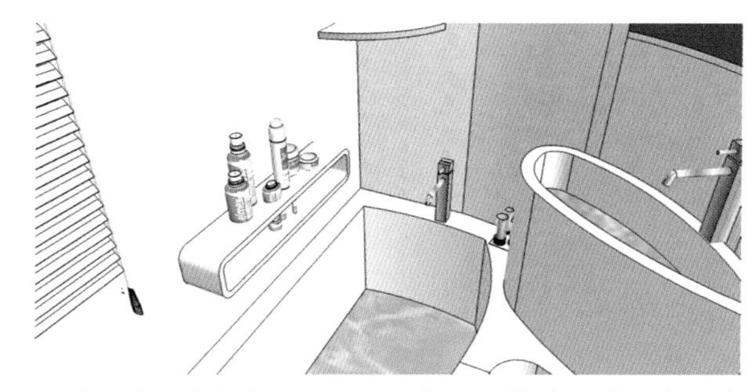
| 洗手池、窗户台板以及浴盆都是一体式设计，表面贴暖色的马赛克

| 浴缸和洗手池都是根据空间量身定做的，增添了趣味性

► 高低错层

户型层高3000mm，只单独将阳台抬高300mm。

► 装饰元素

此空间的装饰亮点，一是鹅卵石造型的装饰，打破了家具和家饰的界限，把一堆软软的石头搬进了家里，整个空间由此展开。高度弹性的填充物覆以触感舒适的毛质面料抱枕，不仅舒适，而且使居住其中的人亲近自然，突出享受自在的设计风格，同时增添趣味性；二是扎哈·哈迪德设计的茶几强烈的

造型感突出了屋主独特的品位和追求。流线型的座椅，强调构成感的吊灯，组成了室内时尚的主调，符合年轻人的审美标准；三是简单的绿植、抽象的壁画，更加增添了“亲近自然，追求时尚”的主题。

► 空间说明

整个房间为一室一厅一厨一卫一阳台

1. 整个空间分成两大区域：基本生活区和休闲娱乐区 。
2. 基本生活区包括客厅、厨房、卫生间和卧室。其中卧室的面积最大，因为它兼具休息和工作的功能；半圆的卫生间，能充分地节约空间；弧形的写字台和储物柜把卧室与客厅分开，力求空间多用，物品充分收纳，节约空间。
3. 休闲娱乐区设在阳台。其采光非常好，亲近阳光，是一个可以让文娜想干什么就干什么的区域。

► 色彩说明

以浅蓝、浅黄、黑、白为主，配以亮色的单体。卧室到阳台区域用白色地毯整铺，使狭小的空间看起来明亮、清爽；柜子采用浅黄色以及蓝色透明玻璃门，亲近自然、色调和谐；沙发和床采用灰色系，在明亮的空间里显得比较踏实、有安全感；一把玫红色的椅子点亮了整个房间，突显活力与对生活的热情。

► 材料说明

大花白石材　白色羊毛地毯满铺　灰色壁纸　浅色仿马赛克瓷砖

甜蜜花园

目标人群	一家三口
男主人	39岁，某国企部门主管，爱好看书、下棋，月收入约10000元。
女主人	36岁，小学教师，温柔、知性，爱好烹饪，月收入约7000元。
小主人	8岁，男孩，性格活泼，在读小学二年级。

窗棂是中国传统建筑中最重要的构成要素之一，也是建筑的审美中心。窗子绝不仅仅是为了透光和通风，其传统构造也十分考究。透过窗子，可以看到外面的不同景观，好似镶在框中挂在墙上的一幅画。就像中国古典园林常见的造景手法中的框景和漏景，一个好的窗子就像是一个漂亮的画框。

在这套“甜蜜花园”小户型设计中，窗棂元素和花园气息贯穿设计始终，每个房间都会出现这些元素。

在这套小户型空间中，通过地面的落差划分不同的功能区域，同时满足功能需求，很多功能是存在交集的，这样可以充分利用空间，满足在不同情况下的使用需求。

客户需求	男女主人均来自小城市，在北京求学，毕业后都留在北京工作，经过多年打拼终于拥有了自己的住宅。该住宅位于北京市海淀区中关村附近，小主人上学很方便，周边的生活配套设施完善，交通便利，有多条公交路线以及地铁五号线，方便一家三口上班、上学。这是一套面积为47m^{2}的小户型，要满足全家人的生活需求—— 1 男女主人均曾经在北京求学，而后又在北京工作多年，有很多朋友，他们喜欢很多朋友在一起聚会，喜欢请朋友来家里吃饭，所以家里需要有比较大的会客空间与就餐空间。 2 男女主人、小主人都需要有独立的卧室，女主人的弟弟22岁，在北京读大学，有时也会来家里住，所以需要有两个以上的卧室。 3 男主人喜欢看书，买过很多书，所以家里要有比较大的书柜用来存书。 4 女主人喜欢花朵、粉色系、暖色的色彩，男主人很喜欢浅色调的装饰，居室的设计要满足两个人的喜好，装修风格为田园风格。 5 要有尽量多的储物空间，可以使房间比较整洁。 6 室内照明均采用吸顶灯，简洁实用。

▶ 户型平面上的改动

1. 将客厅与餐厅之间的墙打断，只保留一根可承重的柱子。改造后，客厅空间的视线会比较开阔，同时增加客厅的自然采光。
2. 在厨房的橱柜旁加一段墙，挡住橱柜部分，使空间更加整齐，区域划分更加明确。
3. 在主卧室的角上隔出一块区域做次卧室，满足全家人各自拥有独立空间的需求。
4. 在卫生间和次卧室的墙上开洞，增加客厅、过道的自然采光，同时兼具装饰性。
5. 打通阳台与主卧之间的墙体，使主卧室拥有良好的采光和开阔的空间。

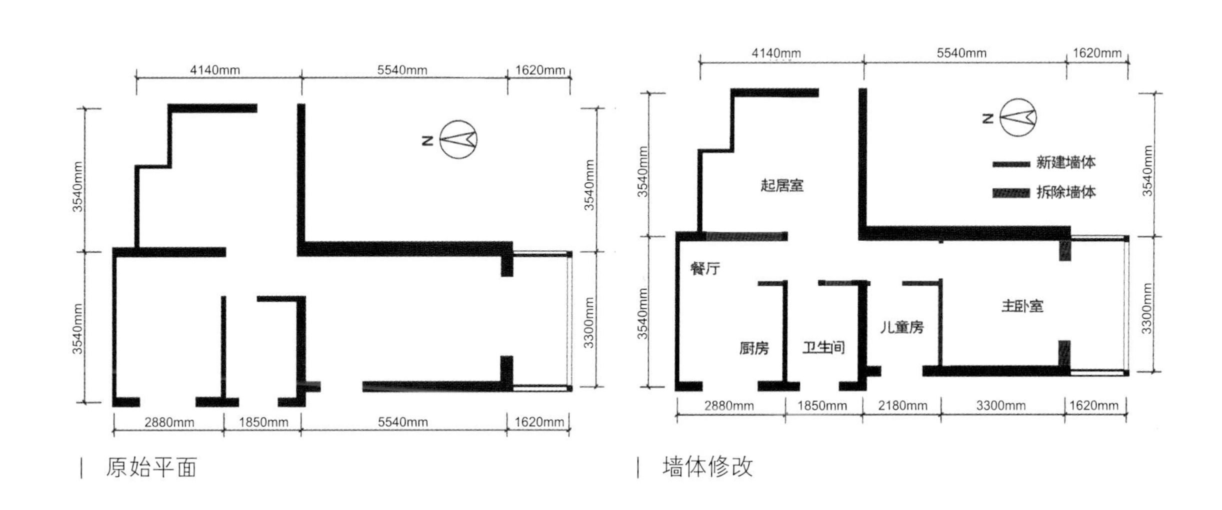

| 原始平面

| 墙体修改

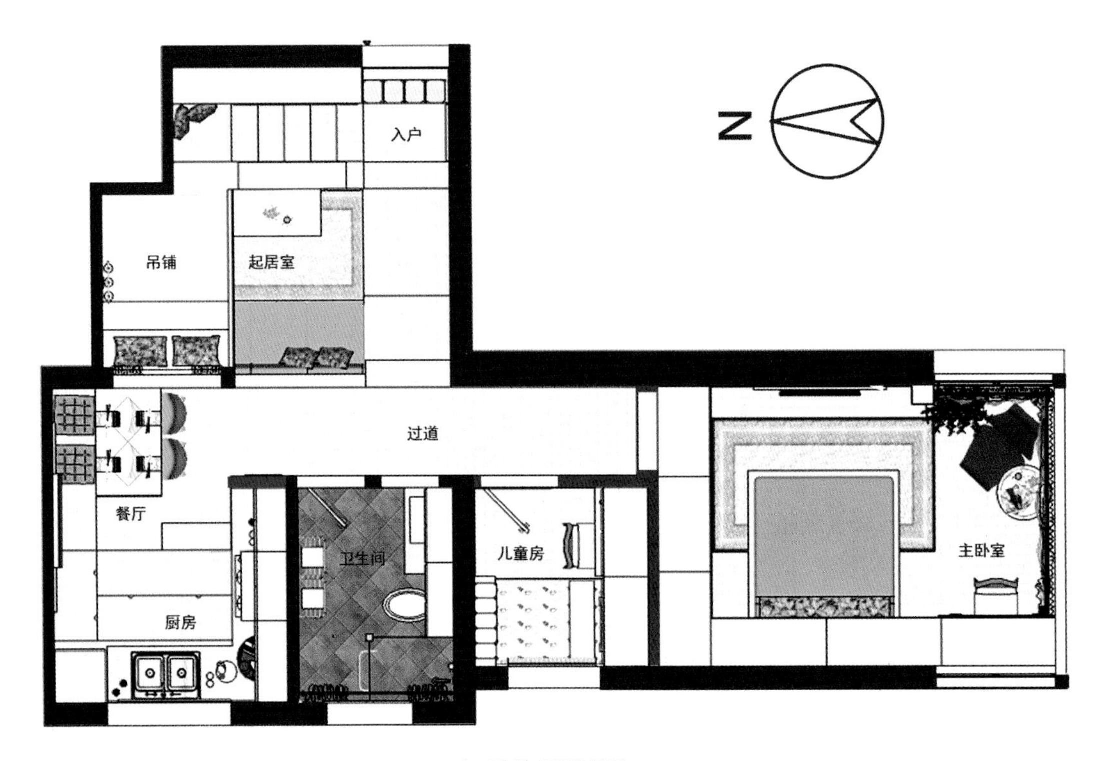

| 改造后平面图

▶ 门厅

一进门有两个方向，向前上两级台阶（宽1000mm），进入到客厅空间，向右通过六级台阶（宽600mm）会有一个吊铺。台阶均有储物功能，通往吊铺的台阶旁是书柜和鞋柜。

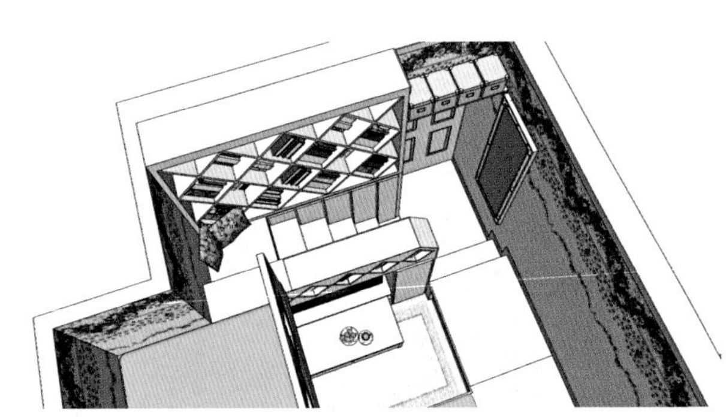

| 入户，向前上两级台阶进入起居室区域，向右上六级台阶可进入吊铺空间

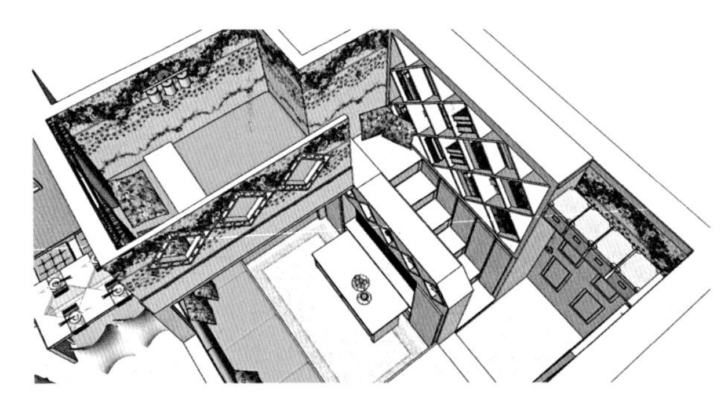

| 六级台阶旁边是书柜和高矮不一的鞋柜，所有台阶均可以打开成为储物空间。第六级台阶面积较大，平日里坐在这里看看书也是个不错的选择

客厅

客厅区域位于两级台阶之上，继而客厅做成了下沉式。平日可以根据需求将沙发垫以不同的方式摆放，沙发垫可以只摆一面，当做“一”字形沙发，可满足3～4人使用；也可以将沙发垫摆成“L”形沙发，可满足5～6人使用；当家里客人较多的时候，过道部分也可当做沙发，这样就是一个“U”字形沙发，可满足7～8人使用。沙发垫下方的箱体可以打开做储物空间。

花色壁纸仿佛让整个空间都沉浸在一个美丽的大花园中。

吊铺

通过六级台阶可到达吊铺。这是一个比较独立的空间，它距离地面1800mm，功能简单，仅供睡觉使用，通过三个中式窗格，增加吊铺空间的通透性的同时，又没有破坏它的私密性。中式窗格作为一个贯穿始终的设计元素，增添了客厅与吊铺空间的装饰性。

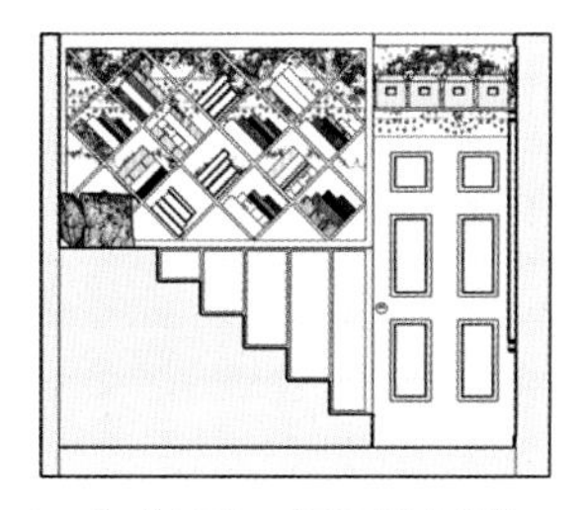

东立面1　门厅及吊铺

吊铺长1900mm，宽1500mm，是一个围合空间，但是在墙壁上设有小窗，所以吊铺空间并不会显得憋闷、压抑。对于经常有客人来的家庭来说，吊铺空间完全可以当做客房使用

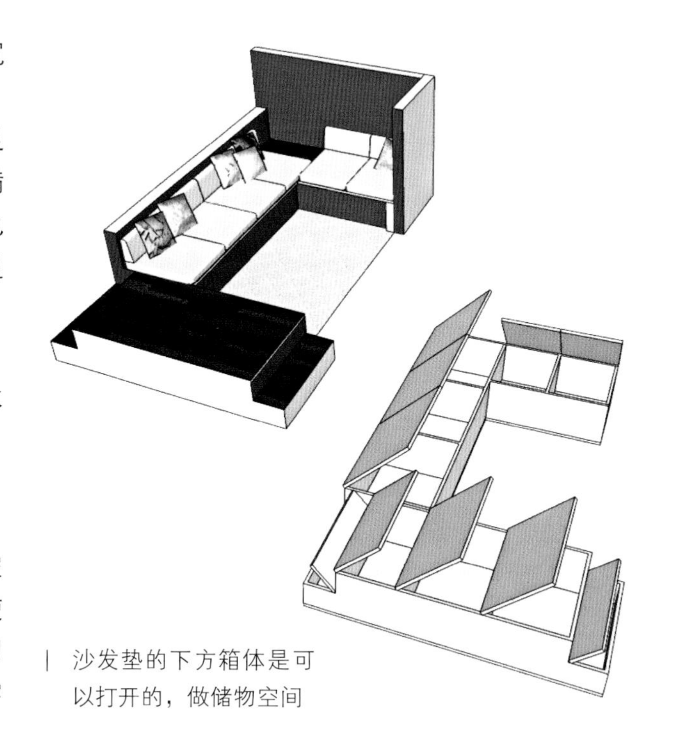

沙发垫的下方箱体是可以打开的，做储物空间

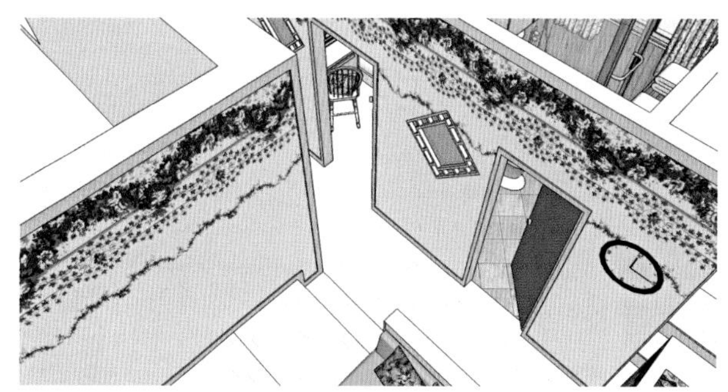

从起居室空间下两级台阶，进入家庭私密性较高的区域

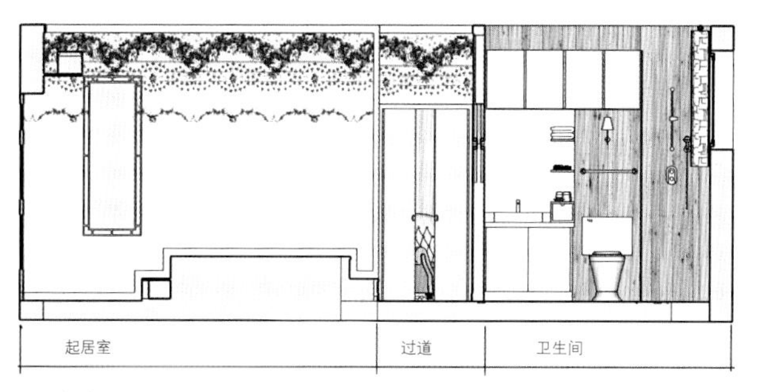

南立面1

▶ 厨房与餐厅

透过客厅打断的那堵墙，可以看到厨房和餐厅，这里在使用功能的设计上存在交集。厨房地面高于餐厅地面450mm，这样虽然是一个开放式的厨房，但依然有明确的空间划分，厨房的地板可以打开，下面有很强大的储物空间，高出450mm的厨房地面同时可以在用餐的时候当做座位，餐桌是可折叠的，平时一家人可以将其当做1200mm普通餐桌使用，当客人较多时，将餐桌的折叠部分打开，就是一个1800mm长的大餐桌，餐桌的边恰好与厨房台阶齐平，可以供7人就餐使用。

| 开放式厨房，洗衣机嵌入台面下方

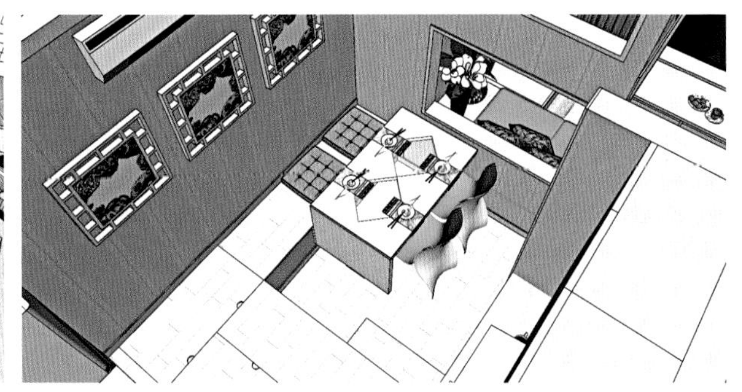

| 餐厅面积虽小，却能满足4～7人同时进餐，因为在这里特别设计了折叠餐桌，还根据尺度设计了地台

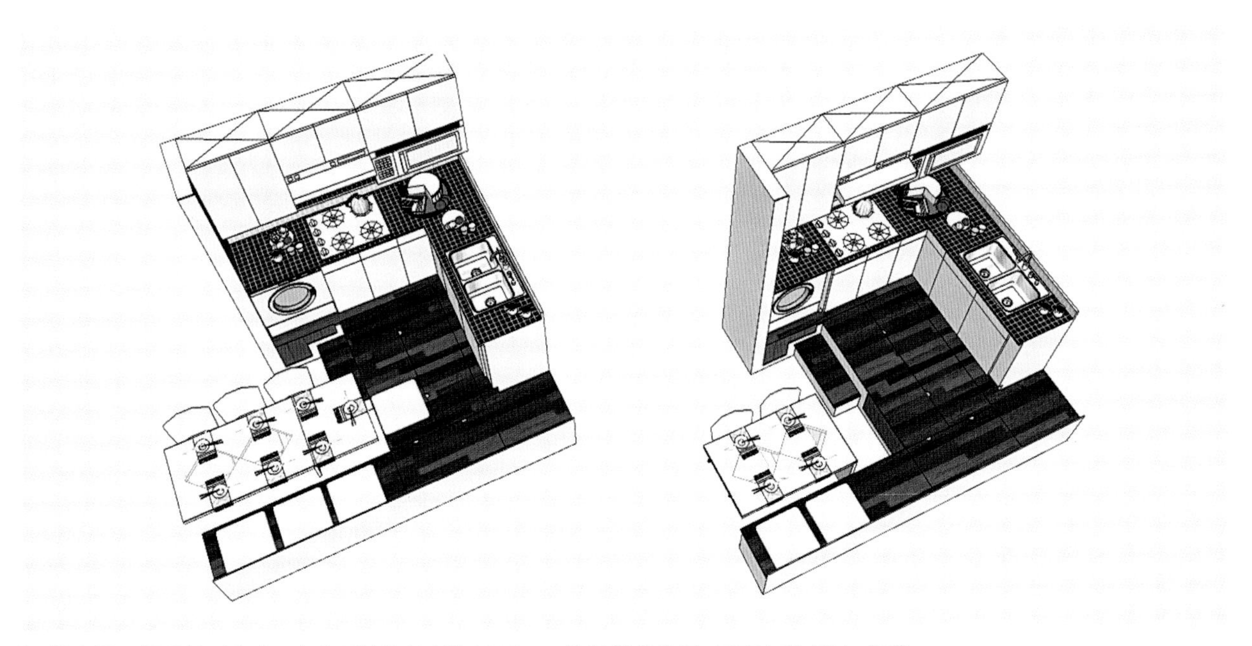

| 餐桌是可折叠的，平时一家人可以将其当做1200mm普通餐桌使用，当客人较多时，将餐桌的折叠部分打开，就是一个1800mm长的大餐桌，餐桌的边恰好与厨房台阶齐平，可以供7人就餐使用

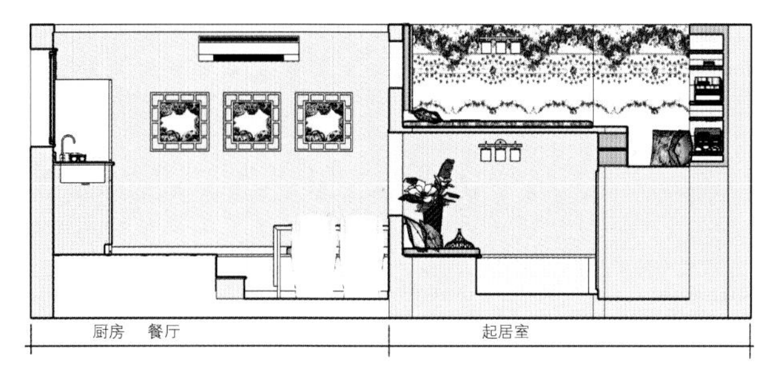

| 北立面1

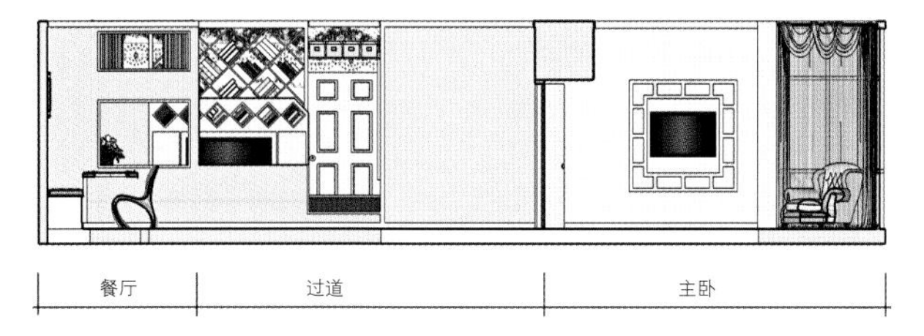

| 东立面2

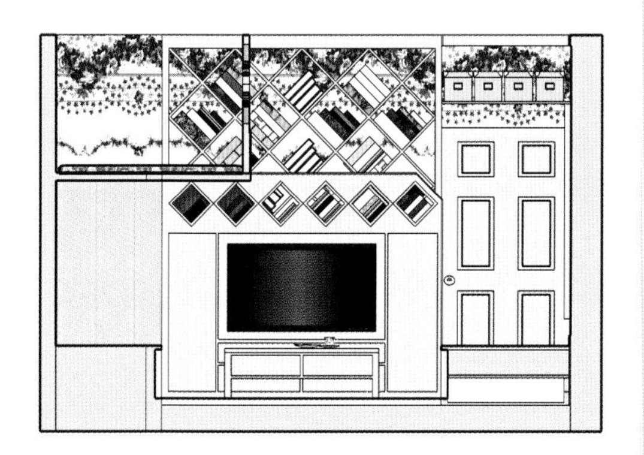

| 东立面3　餐厅、客厅、吊铺和门厅

▶ 卫生间

卫生间空间狭小，因此设计得比较简洁。整体采用原木色装饰墙面，非常古朴又充满田园气息。和整体设计相呼应，卫生间与过道之间的墙面上有一个窗棂，不仅增添了对卫生间过道的装饰性，还增加了空间的通透性，加强了过道的采光。

| 卫生间墙面采用杉木装饰，这种材料耐湿，又比较保温，原木色的装饰效果也符合田园风格

| 卫生间面积虽小，但也进行了干湿分区

| 卫生间俯视图

▶ 次卧室

从主卧室里隔出的一块4m²的区域是次卧室。次卧室就像8岁的小主人活泼的个性一样，整体采用浅绿色的色调，因为空间较小，所以家具比较简单。床头上方有一排吊柜，满足一定的储物功能，吊柜距离地面1900mm，高度上不会碰头，又方便拿取物品。条纹的壁纸使空间变得生动，也从视觉上提高了层高。

▶ 主卧室

主卧室的门位于过道的尽头，采用双开的门扇。主卧室色调温和、简约时尚，窗棂元素在此被放大作为电视背景墙；有衣柜和储物柜，拥有强大的储物空间；落地窗前放着一把躺椅，坐在这里看看书、晒晒太阳，体味惬意甜蜜的田园生活。

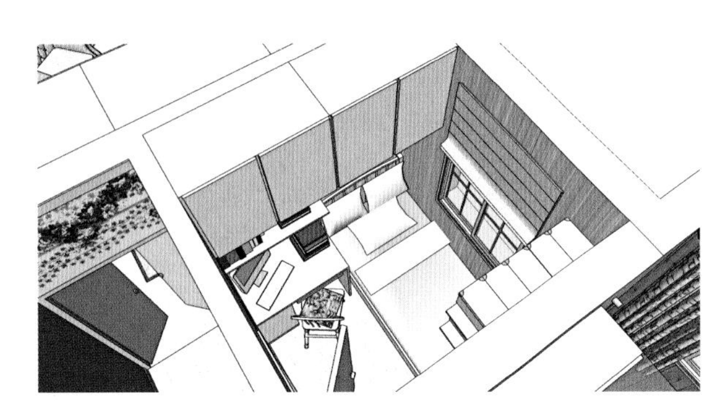

| 儿童房，因面积较小，没有空间设置衣柜，故增加一排吊柜增加其储物功能，床下也可以放置收纳箱。

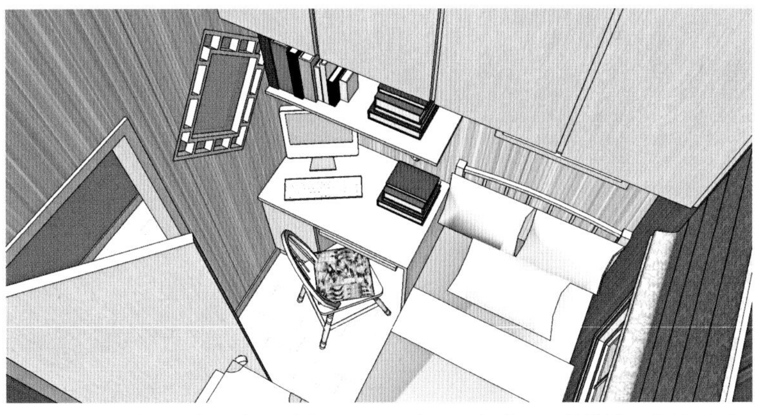

| 儿童房整体淡绿色的色调清新温和，既有田园气息，又洋溢着儿童的活泼

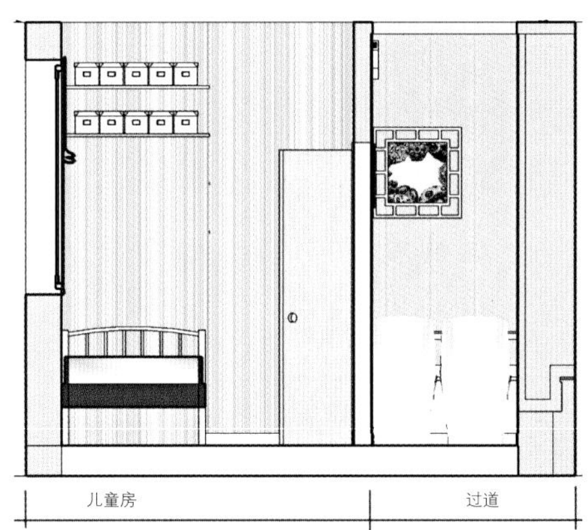

| 北立面3

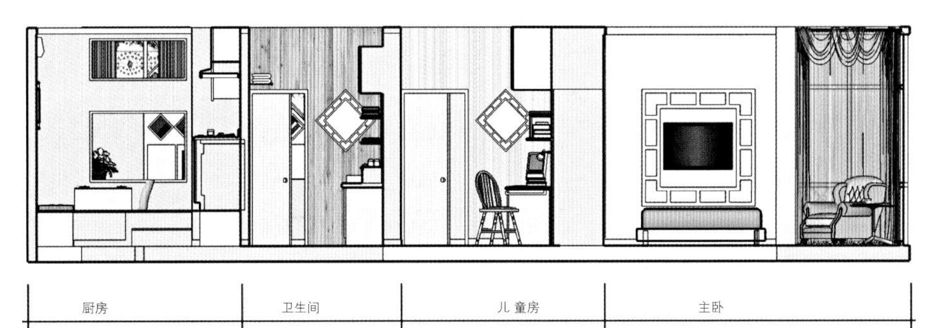

| 南立面2

| 东立面4

主卧室的整体偏向于甜美的田园风格，大量设置了衣柜、吊柜，具有强大的储物功能

床头的发光灯带为室内照明增添了层次

主卧室的采光非常好，午后坐在落地窗边喝杯茶、看看书，体验惬意的生活，并把原来的阳台改造成学习和休闲的空间

主卧室的阳台可以用来学习、上网，女主人也可以在这里梳妆。床头背景墙上挂的是补照的结婚照

主卧室电视背景墙是窗棂的变形运用

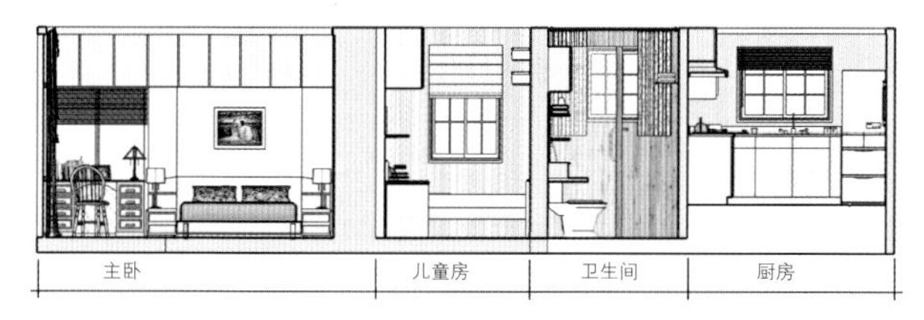

西立面1

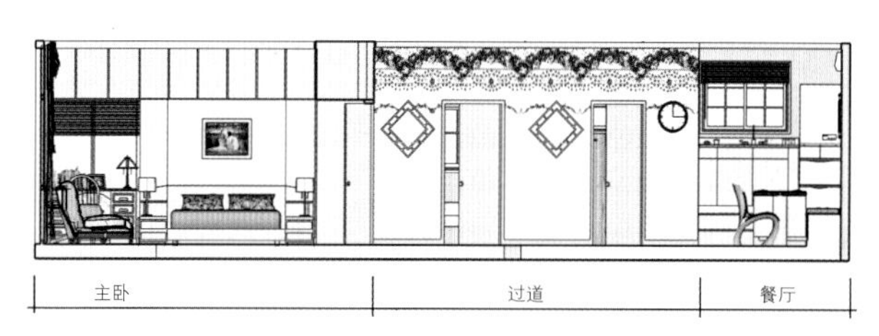

西立面2

► 设计风格

空间多用途　糖果梦想
色彩鲜艳　撞色对比
糖果一样甜蜜的颜色

► 适合人群

年轻人，怀有美好童年梦想，
内心拒绝长大的“麦芽糖”们

目标人群	刚刚踏入社会的小两口
男主人	张超，34岁，陕西人，计算机专业本科毕业，管理学硕士，现在在一家著名留学机构做部门经理，爱生活，爱运动，擅长篮球，手巧，是烹饪高手。
女主人	米琪，26岁，上海人，大众传媒专业，毕业后做过物业管理，网站编辑，现为某杂志的编辑，业余爱好英文翻译，喜欢旅游，做西式料理。
设计理念	1　由于是小户型，因此要尽可能地使空间明亮、通透。整个空间除了入户门与卫生间门以外，均采用了没有安装实门的设计。另外，在卫生间的东面、北面都采用了磨砂玻璃，加上将客厅与厨房之间三分之二的隔断墙打通，可以最大限度地让阳光洒入整个空间内。 2　虽然是小户型，但收纳功能一点也不能马虎，运用恰当的设计将收纳功能隐藏起来，表面看起来美观，内部实用性又很强。为了使小户型看起来整体有序且收纳性强，首先，采用错层的方法使客厅与卧室升起300mm高的小层次，使空间更加丰富的同时，内部也可以成为储物空间；其次，由于客厅北面向外凸出700mm的距离不适宜家具的总体摆放与布局，所以做成了可以放置床的壁柜，增加了功能也节约了空间；最后，设计的亮点在于卧室床的设计，卧室床也利用了错层的方法，向上抬高1350mm，下面整体做了一个小的储物间，加上地板升起的300mm，足够人进入，同时上床的台阶处兼具了储物与梳妆台的功能。

“麦芽糖”这个听起来甜蜜、美好、梦幻的词汇其实代表了现在社会上的一种现象：面对日益纷繁复杂、物欲横流的现实社会，总还会有一部分人，怀抱着对童话、对未来的美好幻想。世界那么复杂，我们为何不能简单地生活？一般的人不会想到在区区四十几平方米的空间里面加入如此多、如此冲撞对比的色彩，可是“麦芽糖”们会。空间的狭小感很多时候其实并不是因为实际尺寸小，更多的情况下是因为空间失去了秩序，色彩运用不到位，才会让人产生空间狭小拥挤的感觉。这次设计针对的人群是“麦芽糖”们，设计的出发点正是在小户型内大量地应用色彩与空间变换，给人耳目一新的感受。此户型运用高低错层、推拉墙等变幻空间，隐蔽的储物设计不但增强了空间的收纳功能，而且让空间在实用的同时显得丰富有趣，达到了功能性和娱乐性的统一。

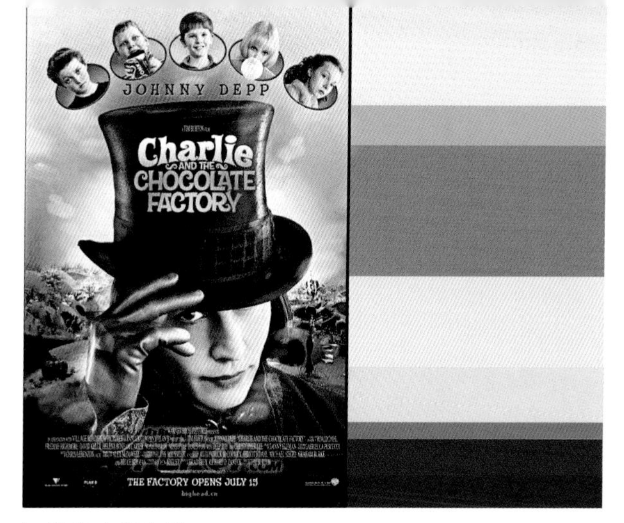

配色方案来源

户型平面上的改动

户型上做了大规模的改动。

1. 打通了起居室内几乎所有的隔断墙，增大整个客厅空间，并做了吊柜以及墙柜来增加储物空间。
2. 打通厨房与客厅之间的隔断墙，增加客厅采光度以及整个户型的通透性。
3. 厨房与卫生间做了“已”字形的隔断，目的是更加方便厨房、卫生间洁具的摆放，增加空间的可利用性。
4. 打通卧室与阳台，增大卧室空间以及卧室采光度。

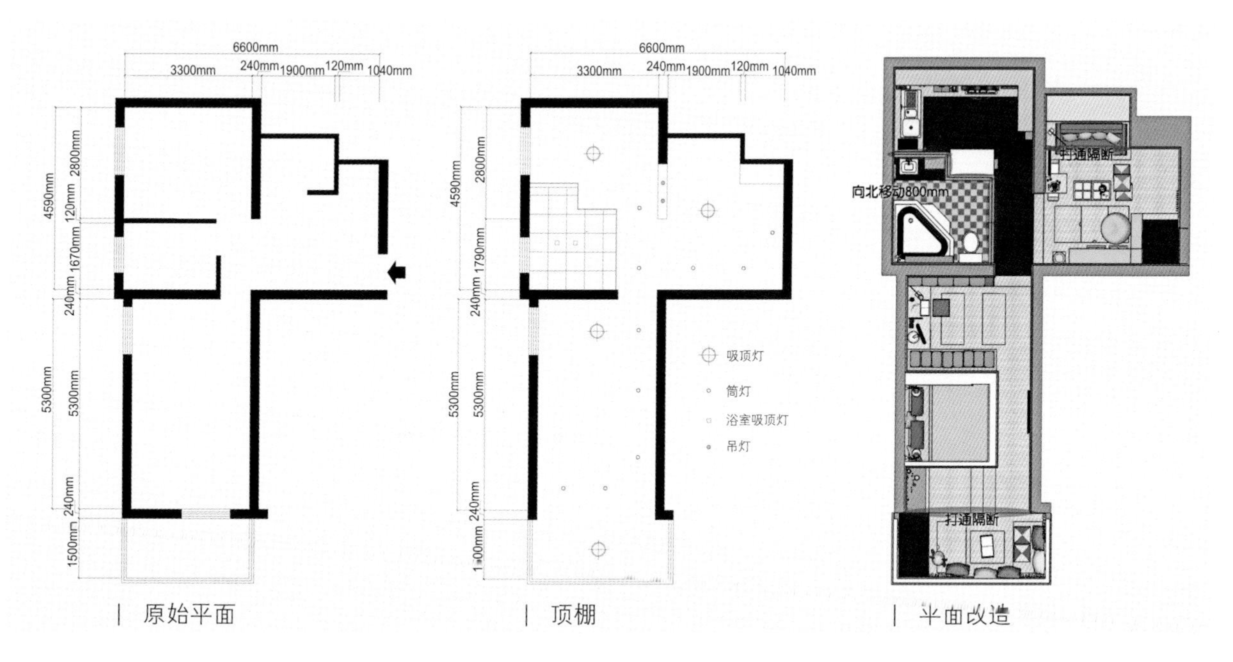

原始平面　　顶棚　　平面改造

► 门厅

门厅主要的色彩为小麦色、红色和绿色，给人以强烈的视觉冲击力。门厅设置方格储物柜以及落地大镜子，方便回家之后对小东西进行收纳整理。

| 门厅设置方格储物柜以及落地大镜子，方便回家之后对小东西进行收纳整理

| 客厅俯视图

| 客厅一角

| 客厅里有玄机，竖向的彩色油漆是一个大柜子，还是一个柜子床。客厅和厨房之间作了一个简易的餐台，便于小两口用餐

| 客厅多处设计方格形储物空间，可以收纳多种物品

► 客厅

客厅沙发后面设计了彩色柜子，当有客人到时，将柜子折门折叠，藏在柜子里面的床垫可以取出当做临时的床，节省了空间。

| 客厅餐台

| 柜子床收起来、没拉上折叠门的样子

| 柜子床—柜子打开图

| 柜子床打开时的样子

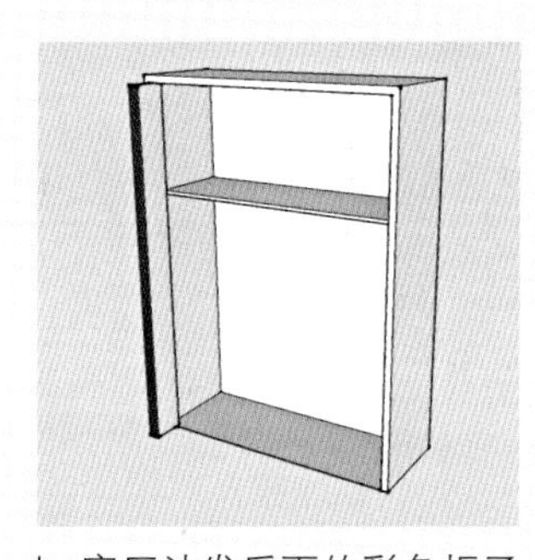

| 客厅沙发后面的彩色柜子分析—柜子打开图

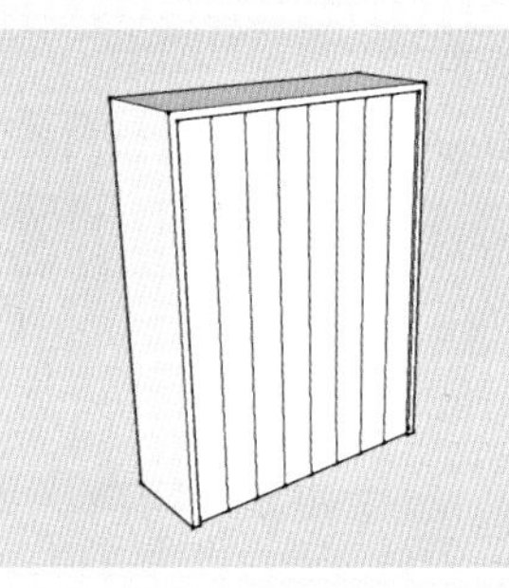

| 客厅沙发后面的彩色柜子分析—平日闭合，外观整洁亮丽

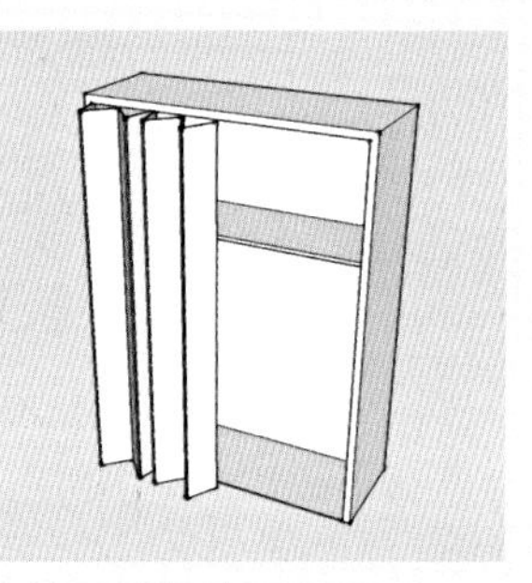

| 客厅沙发后面的彩色柜子分析—有客人来时，将柜子折门折叠，藏在柜子里面的床垫可以取出当做临时的床

▶ 厨房

厨房的位置是原来次卧的位置，在临窗的地方设置水盆，方便采光，厨房和起居室用一个小的餐台连接。

| 厨房1　在临窗的地方设置水盆，方便采光

| 厨房2　绿色的橱柜和橙色的台面组成富有戏剧感的糖果色搭配

| 厨房3　在靠近水盆的地方安置了洗衣机

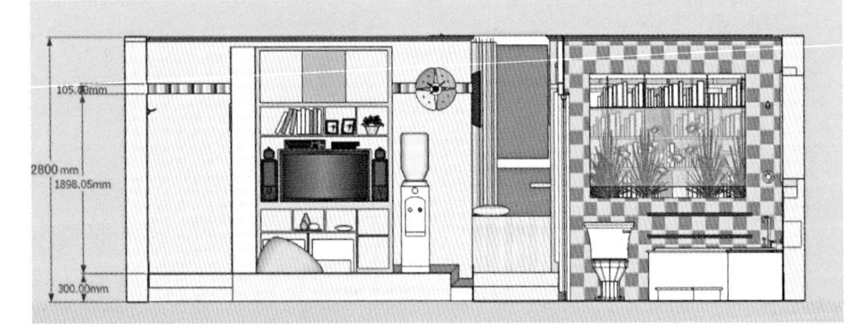

| 南立面

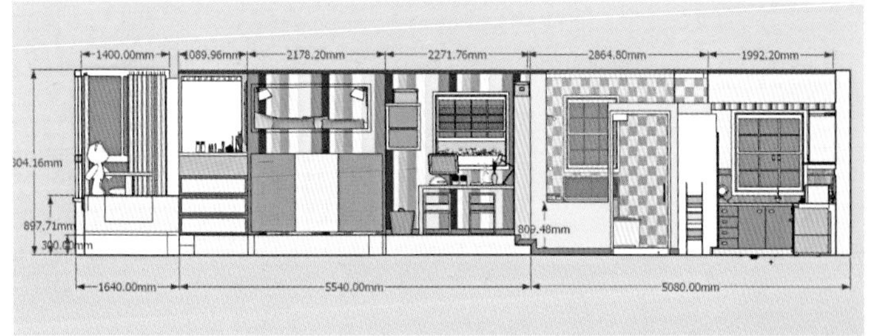

| 西立面

► 卫生间

卫生间采用三角按摩浴缸，提高生活品质，与书房之间的隔断墙被打通，内侧放置一个鱼缸，增加了趣味性，另一侧的书柜加重了封闭性，卫生间采用蓝绿色方格相间的瓷砖，与炭化木色家具相配。

| 卫生间与书房的隔断墙被打通，内侧放置一个鱼缸，另一侧的书柜加重了封闭性

| 卫生间采用蓝绿色方格相间的瓷砖，与炭化木色相配

| 卫生间采用三角按摩浴缸，提高生活品质

| 卫生间里的鱼缸富有情趣

► 书房

书房里临窗设置写字台，安置两把工作椅，一红一绿，男女主人一人一把。书房的设计亮点在于书柜，可以在取书放书之间不经意地欣赏隔断墙之中的小鱼。

| 书柜

| 书房的设计亮点在于书柜，可以在取书放书之间不经意地欣赏隔断墙之中的小鱼

| 书房里有两把椅子，一红一绿，男女主人一人一把

► 卧室

卧室整体抬高300mm，既增加了空间的趣味性，台阶与地面的空间又有了储物功能，上床的台阶有多种功能，既可以储物，又可以当做墙壁梳妆台的凳子，随手拿个床上的抱枕就可以坐着对镜梳妆。

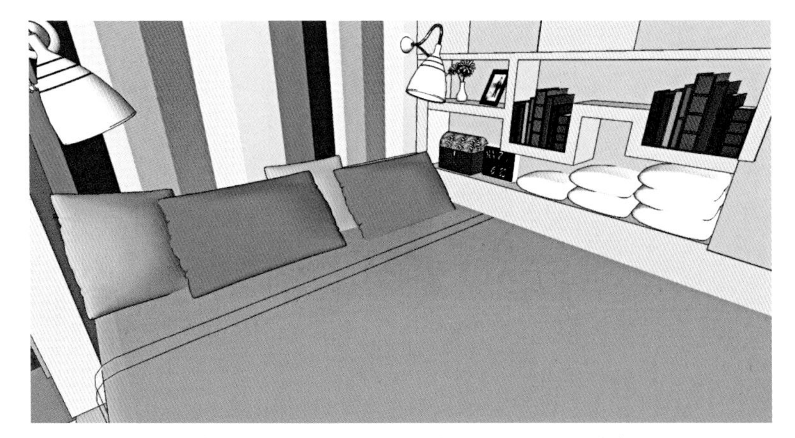

丨 卧室就是一张床，墙上有壁灯，是一个很安全可爱的空间

丨 卧室衣柜边设置了穿衣镜

丨 卧室上床的台阶有多种功能，既可以储物，又可以当做墙壁梳妆台的凳子，随手拿个床上的抱枕就可以坐着对镜梳妆

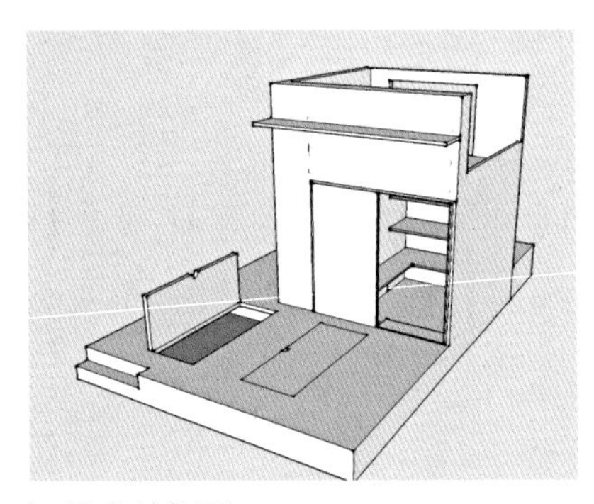

丨 卧室结构图

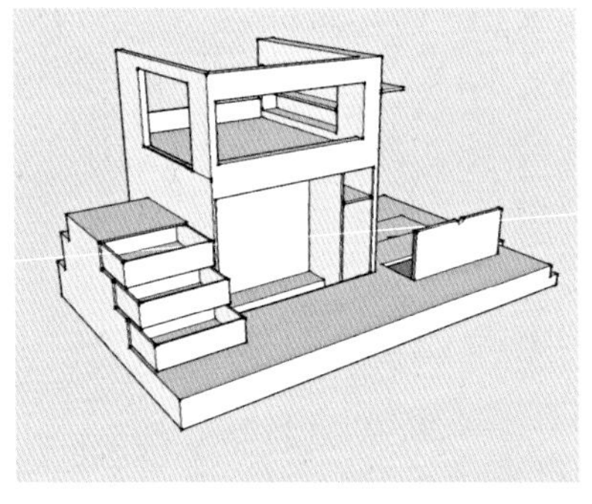

丨 卧室结构图-卧室整体抬高300mm，既增加了空间的趣味性， 台阶与地面的空间又有了储物功能

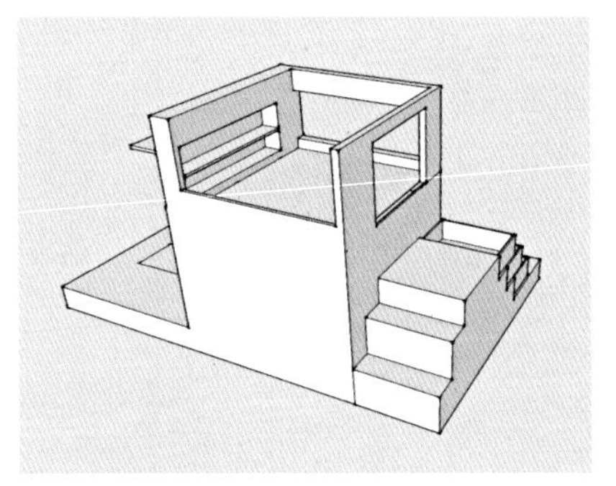

丨 卧室床抬高1300mm，下面空间做成小储物间，增大存储空间

► 阳台

阳台采用通体大平台，并设计了可上下调节的小桌子，阳台的小桌子放下后可作为平躺休息的平台。

| 阳台设计了可上下调节的小桌子

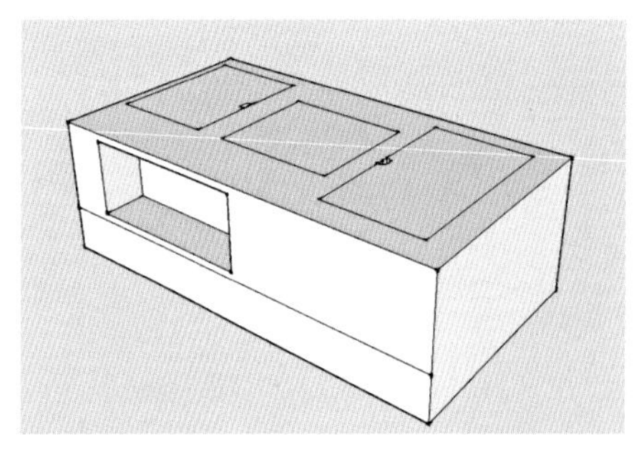

| 阳台

| 小桌子放下后可作为休息平台，下方有放置书籍杂志的空间

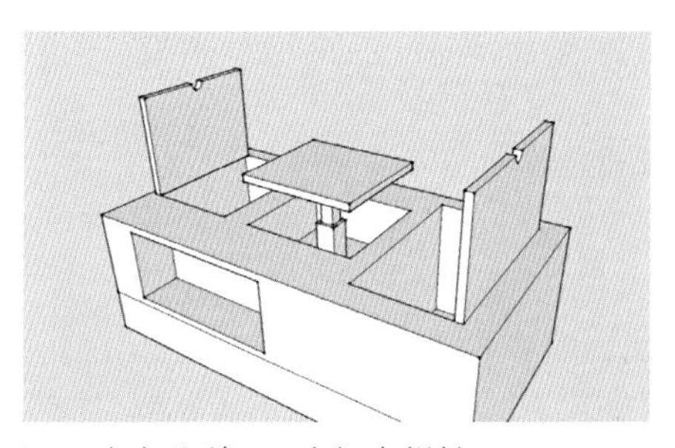

| 阳台充分利用了空间多样性

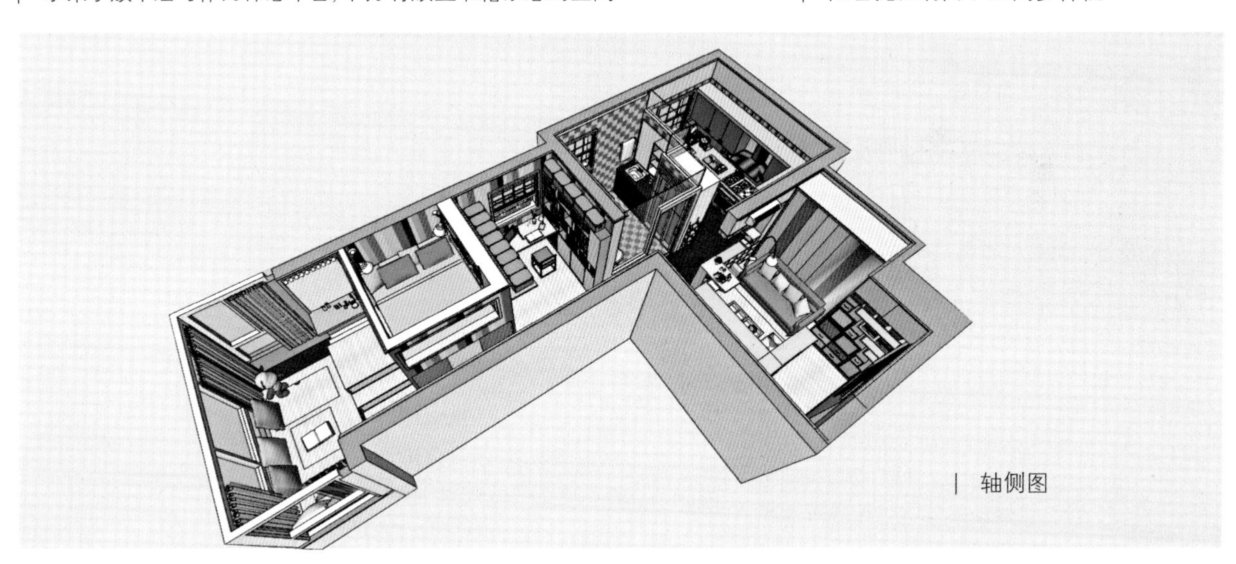

| 轴侧图

7 平常人家

生活在我国东北的很平常的一家人，他们的小户型设计中有一点日式的元素，简洁大方。

目标人群	业主为生活在东北地区的一家三口
男主人	46岁，为某公司技术工人，性格内敛，喜欢干活，不喜欢闲着，受女主人影响，爱干净，月收入约6000元。
女主人	49岁，常年在家做全职太太，擅长厨艺、针织等女工，特别爱干净，因此深深影响了其家人的生活习惯。停薪留职，没有固定收入。
小主人	18岁，男孩，性格活泼，大学二年级， 常年不在家。
设计理念	由于女主人为全职太太，爱干净，喜欢白色，因此选用的颜色以白色为主。对于爱干净的人来说，白色是洁净的象征，因此除厕所外所有的空间大部分都选择白色。为使人有舒适的触感，选用木质地板和木质家具，迎合女主人的喜好，相对简约，视觉效果简单利落，使用方便合理。在家具的选择和摆放上，加入了一些主人喜欢的日式元素。

► **户型平面上的改动**

① 入口处加一道木隔栅，分隔出下沉客厅和门厅走廊。

② 原来卫生间的墙改成弧形，在西面的房间里占用一个水盆的位置和一个小储物间。

③ 原来的厨房变为开放式的，用做餐厅和厨房。

④ 南面的房间和阳台为主卧和阳台。

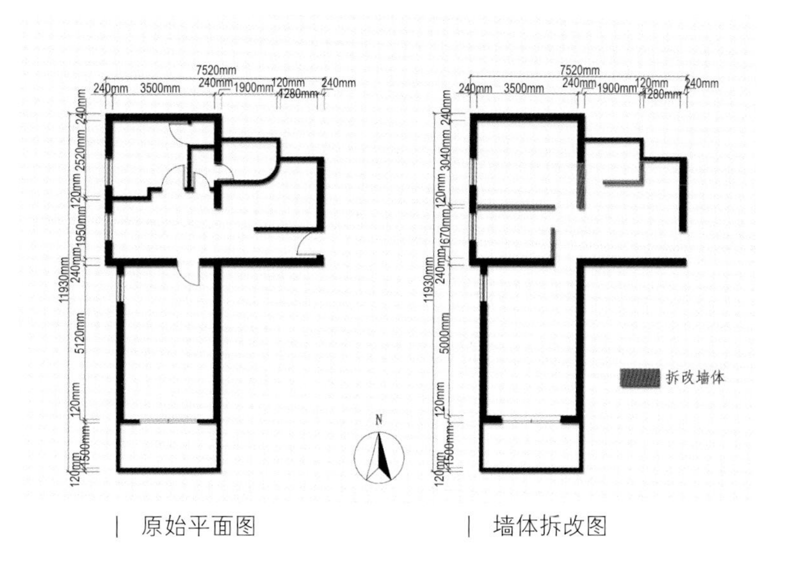

| 原始平面图　| 墙体拆改图

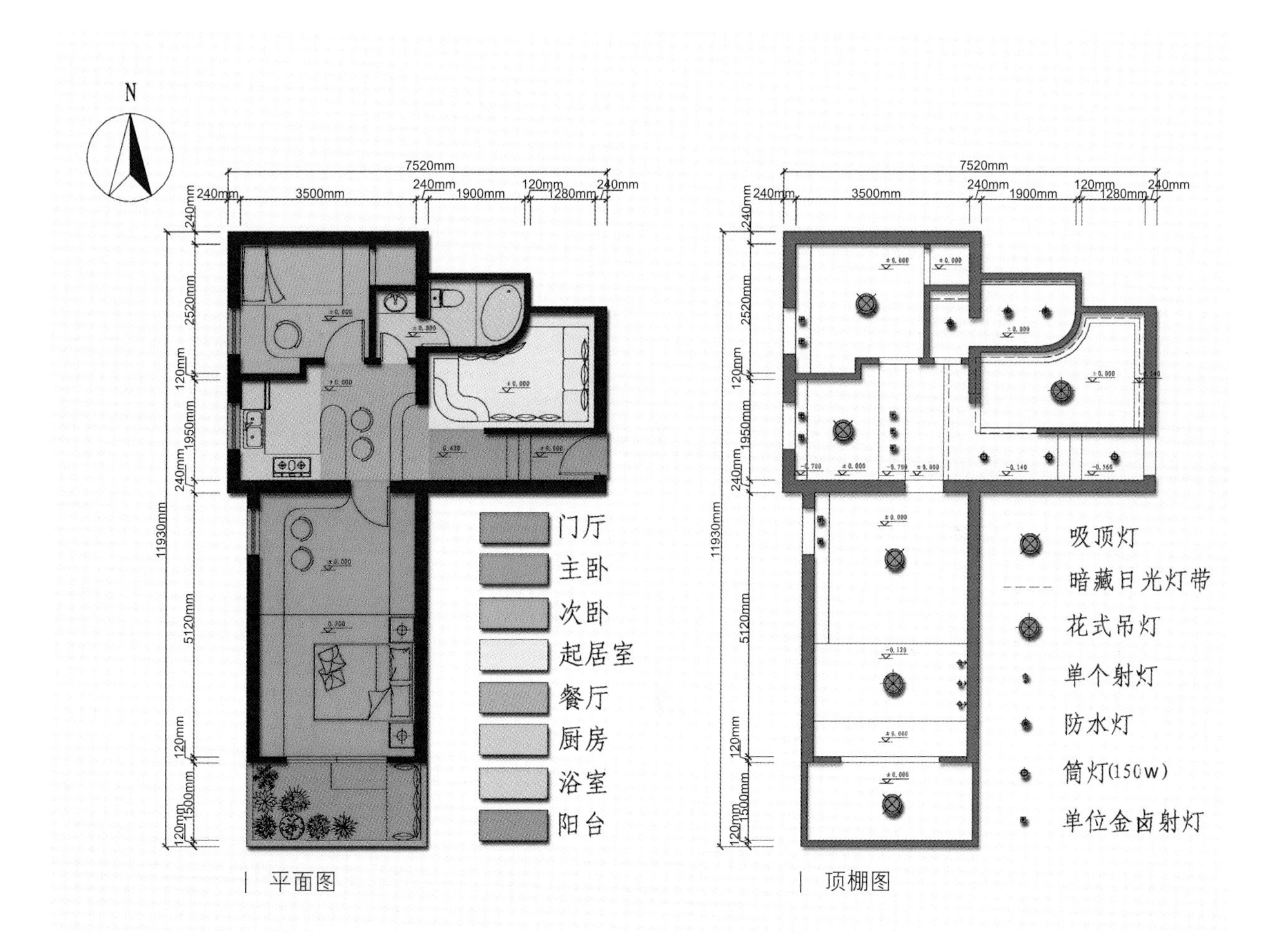

| 平面图　| 顶棚图

► 门厅和客厅

为实现门厅走廊的流线与客厅视线不交叉，让门厅走廊直接对着早餐台的部位。刚进门右侧为木隔栅装饰，可以增加客厅的私密性。隔栅结束的地方地面升高450mm，右侧为客厅部分，用台阶将地面高度还原，抬高的450mm作为座位的高度。地面均为木质，形式简单无装饰，台阶下可作储物空间。走廊的顶棚用三个射灯照亮，白色石膏板吊顶，客厅部分的顶棚以灯带作为辅助光源，主光源为纸造型吊灯。抬高的地面下面可以用来储物，以有效利用空间，色彩以白色为主，木色为辅，简洁亲切。

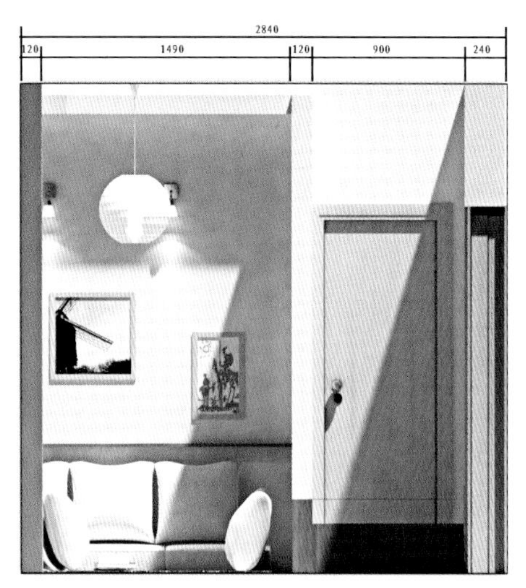

| 客厅东立面　左客厅

| 用隔栅划分客厅和门厅，门厅走廊的地面升高450mm，内侧为客厅部分，用台阶将地面高度还原，抬高的450mm作为座位的高度，地面均为木地板，满铺地毯，白色的坐垫摆成沙发的样子，形式简单随意，墙面为白色和黄色

| 门厅、走廊和顶棚用三个筒灯照明，白色石膏板吊顶，客厅部分顶棚以一圈的灯带作为辅助光源，主光源为日式造型的宣纸吊灯，门厅和客厅由木隔栅分隔入口的地板，抬高两级台阶

7520mm
240mm 3500mm 240mm 1900mm 1280mm 240mm
700mm
1680mm
厨房、餐厅 起居室

前客厅

► 厨房和餐厅

厨房和餐厅合为一体，为的是有效利用空间。将餐厅处理为吧台的形式，符合女主人的个性，追逐时尚。厨房为L形，连接餐桌形成U形，灶台、水槽和冰箱形成的三角形操作空间合理高效，整体橱柜为白色，操作台为拉丝不锈钢面，易于清洁，圆形的吧台椅亲切舒适。

厨房和餐厅合为一体，为的是有效利用空间。将餐厅处理为吧台的形式，符合女主人的个性，追逐时尚

圆形的吧台椅亲切舒适，配合吧台，主要供男女主人就餐和配餐使用

厨房为L形，连接一个吧台，形成U形，灶台、冰箱和水槽形成的三角形操作空间合理高效，整体家具为白色，操作台为拉丝不锈钢，台下安置滚筒洗衣机

早上起来，洗漱完了之后，来到窗前坐下，喝一杯咖啡，上网看看新闻，翻翻杂志

把整个一面电视墙设置成储藏空间，并且与小窗下的吧台连在一起，有上网、学习和休息的功能

主卧的整体家具为白色，墙面和床也以白色为主；地面为木质地板，抬高的地面与客厅相呼应，并且与床连接在一起

前主卧

▶ 主卧

整体家具为白色，墙面和床也以白色为主；地面为木质地板，贴近自然；抬高的地面与客厅相呼应，并且与床连接在一起，使整个空间看起来整洁、明朗、开阔且舒适。整个空间为实现整体性，把整个一面电视墙设置成储藏空间，并与西边窗下的吧台连在一起，吧台又连接着门旁边的书柜。早上起来，主人洗漱完了之后，来到窗前坐下，喝一杯咖啡，上网看看新闻，翻翻杂志，是很惬意的生活状态。

右立面

► 卫生间

是整个空间的点睛之笔，和其他房间的风格完全不一样，整体为重色调，只有洁具是白色的，是一个很中性的空间，为整个居室空间增加了些许华贵和优雅。三角形的浴缸合理改善了空间上的不足，洗手台放在原来次卧的位置，扩大了整个洗手间的面积，提高了使用品质。

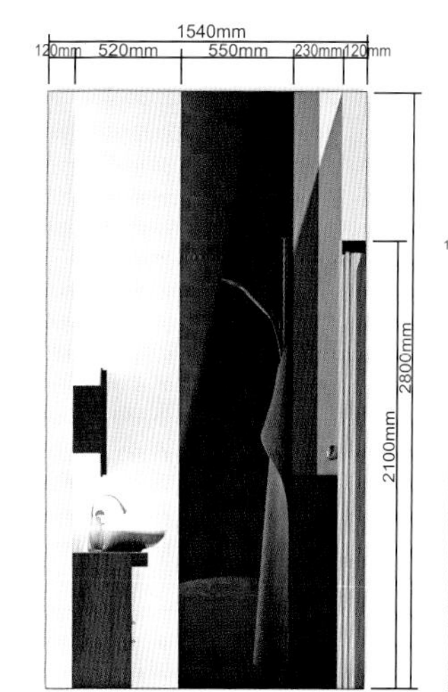

| 左浴室

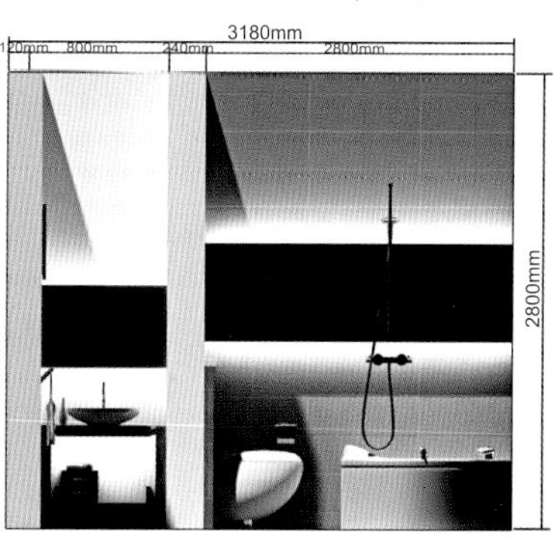

| 前浴室

| 整体为重色调，只有洁具是白色的

| 洗手台放在原来次卧的位置，扩大了洗手间的面积

▶ 次卧

面积上比原来小一些，设计上是主卧的延续，是个多功能的空间。由于小主人在外读书经常不在家，因此采用可收起式的床，床立起来可以变成一个柜子，让出空间；洗手间上面为储物空间，储藏一张工作用的桌子，床收起来的时候就拿出桌子打开，作为工作间，床放下来的时候就是个小的学习休息空间。

| 大部分时间床是收起来的，把写字桌支起来，作为工作间，床放下来的时候就是个小的学习休息空间

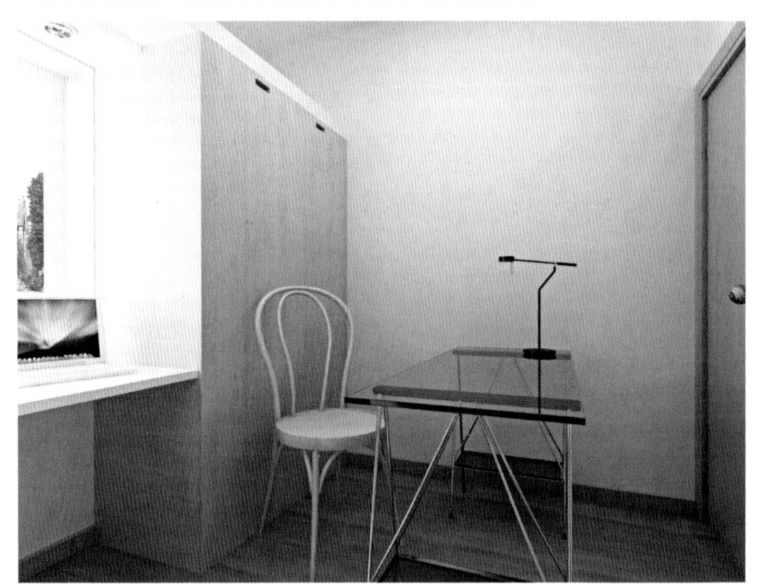

| 洗手间上面为储物空间，储藏一张工作用的桌子

| 床立起来可以变成一个柜子

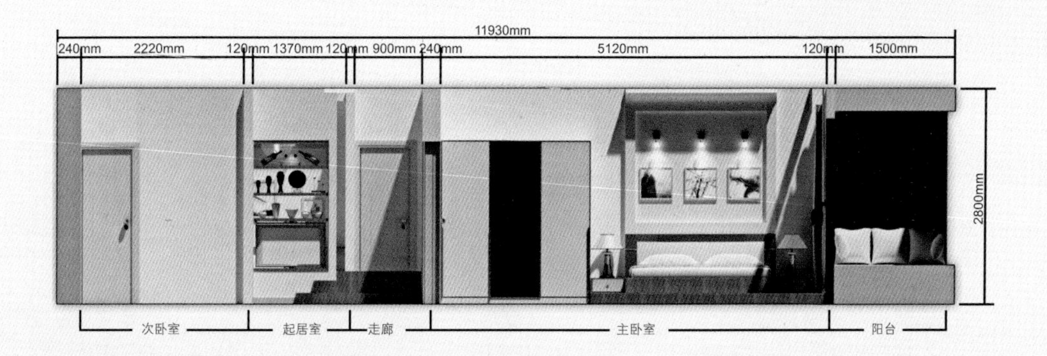

| 次卧室、起居室、走廊、主卧室、阳台的立面

| 次卧的面积比原来小一些，设计上是主卧的延续，是个多功能的空间，兼有书房的功能

| 由于小主人经常不在家，因此采用可收起式的床，床收起时，女主人可以在这里练瑜伽

红色小家

► **设计风格**

现代简约（简约大方，时尚而不缺乏美感，用最简单的造型表达出美的效果，且不缺乏实用性。）

► **适合人群**

喜爱时尚、享受生活的现代年轻人。

目标人群	新婚夫妇，蜗居的城市人
男主人	猴子（夫妻间昵称），32岁，工作不久的医生，北方人，性格大大咧咧。喜欢看电影，喜爱平板大电视，喜欢唱歌跳舞。由于脸上有青春痘，习惯了吃清淡食物。
女主人	猪崽儿（夫妻间昵称），35岁，培训老师，纯纯的南方小女人，活泼开朗。工作时间不是很多，算得上清闲，但收入还不错。经常闲在家里，喜欢瑜伽、跳舞、唱歌，非常喜欢看杂志，喜爱简单时尚之物。喜欢红色，喜欢吧台、高脚杯。希望自己的家可以有大卧室、圆床，并且要有大量的储物空间。
设计理念	在不到60m^{2}的小小居室内，除了要满足男女主人基本的生活需求，还要考虑两人的兴趣爱好，使功能划分合理，且空间舒适、明亮、宽敞。居室设计以现代简约为主，创造出一个时尚又温馨的二人世界。

► 户型平面上的改动

1. 把原来厨房的墙体向北移200mm，并且改短厨房东面的墙体。厨房改成开放式西厨，增加厨房空间与餐厅空间的互动性。
2. 把原来卫生间和储物间之间的墙体打断，增加客厅的面积。
3. 在西面的房间里做了一个卫生间和小书房。
4. 把阳台原来的墙体打断，地面做了抬升，作为工作读书区。

► 门厅

即使再小的居室空间一眼看穿也会失去韵味，但在面积不大的空间中立一堵墙又会使空间更加拥堵，所以运用了门厅储物柜来充当隔断作用，既可以储物，又起到了划分空间的作用。另外在入口处的墙面上挂了一面镜子，使门厅空间不至于拥堵。

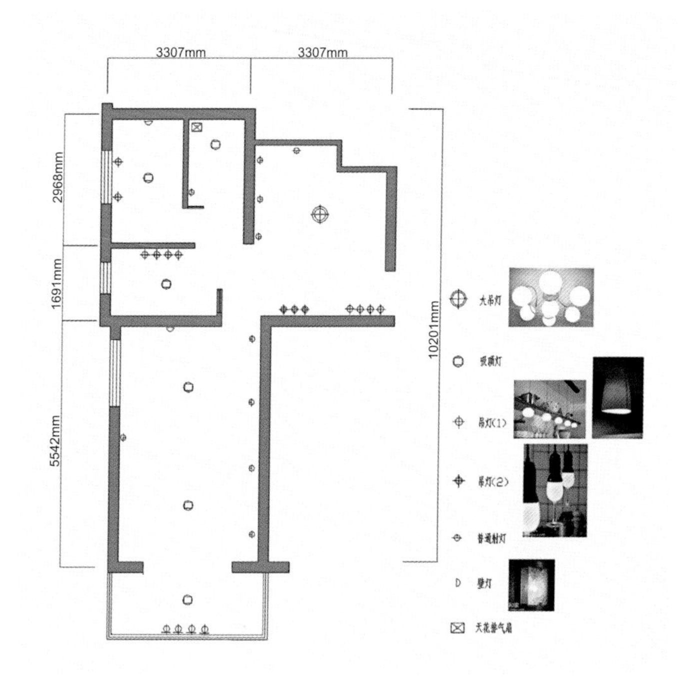

| 顶棚灯位图

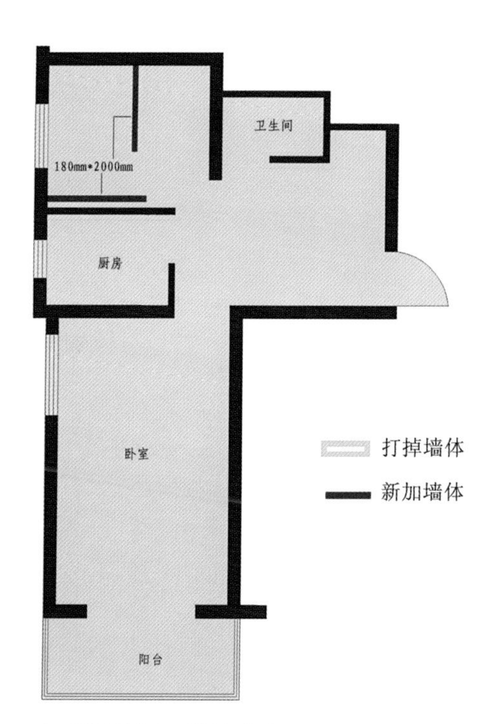

| 原始平面—墙体改造图

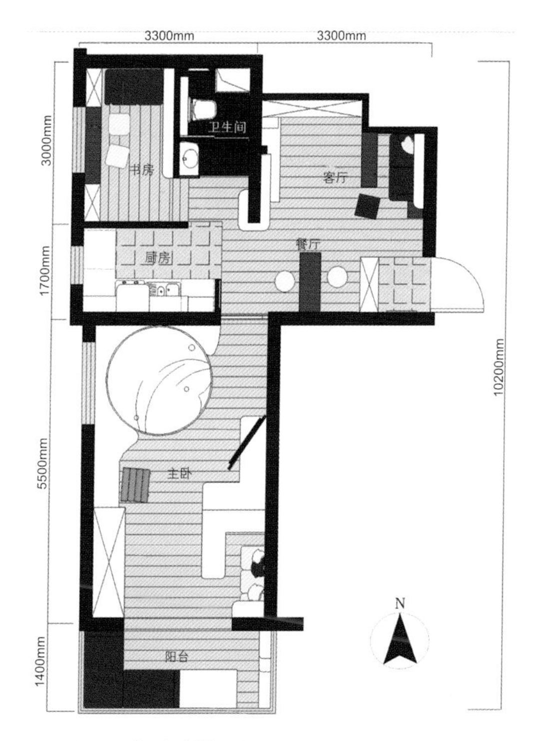

| 居室改造平面图

▶ 客厅

客厅是男女主人休息、娱乐、放松的空间。客厅中放置了猴子喜爱的平板大电视；茶几设计成了可活动式的，平时可将茶几板放下，而当猪崽儿尽情欢歌舞动时就将茶几板合到墙壁上，拓宽了活动空间；客厅中的储物架选用了可自由拼装的板式家具，简单、个性且储物能力强。

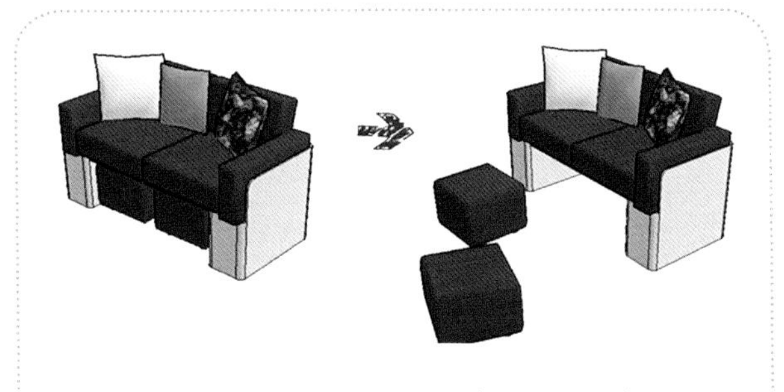

平时男女主人家里很少有客人到访，所以客厅的沙发设计为双人沙发，当有客人时，可将沙发下的软座墩拿出来使用，沙发墩的底部使用滑轮，方便推拉，且防止磨损地板

| 客厅沙发变化图

| 客厅俯视图，客厅为男女主人休闲、娱乐、放松的空间，空间不大，但功能齐全

| 客厅中的茶几设计成了可活动式的，平时可将茶几板放下，需要时可合于墙上

| 客厅与餐厅的开敞式连接

| 客厅中的储物架选用了可DIY拼装的板式家具，简单、个性且储物能力强

| 客厅中的茶几设计成了可活动式的，平时可将茶几板放下使用

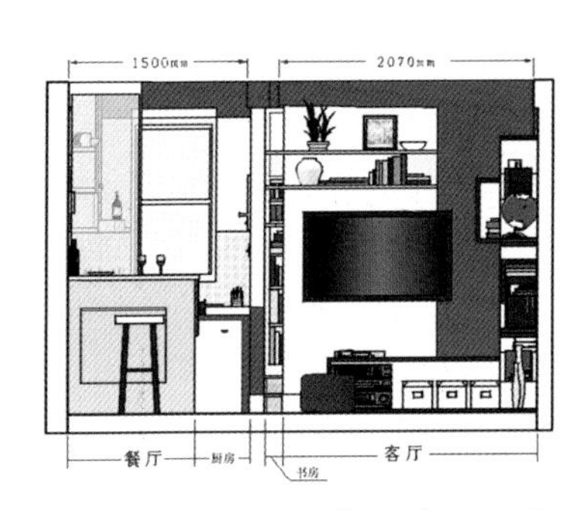

| 客厅的另一立面与从客厅看餐厅、厨房立面

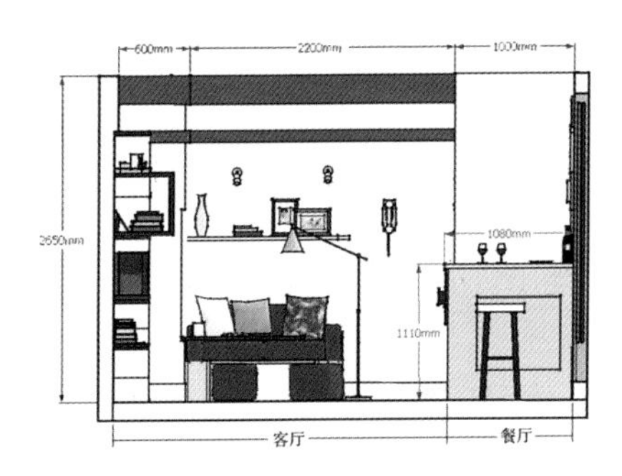

| 客厅沙发背景与餐厅立面，用门厅的衣柜在心理上分隔开了空间

| 当主人想尽情舞动时就将茶几板合到墙壁上，拓宽了活动空间

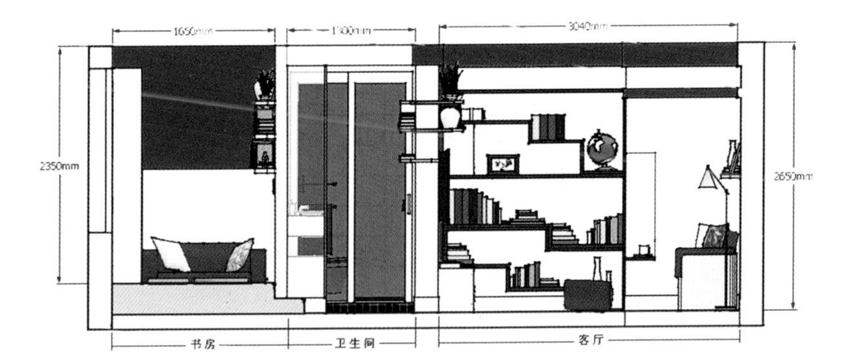

| 客厅到卫生间，再到书房立面。客厅与书房追随整体色调，而卫生间采用了黑白色调，时尚气息浓郁

▶ 餐厅

餐厅在客厅与厨房间的小空间中，采用了女主人喜爱的吧台，看似空间很小，但作为两人的餐厅却已足够。

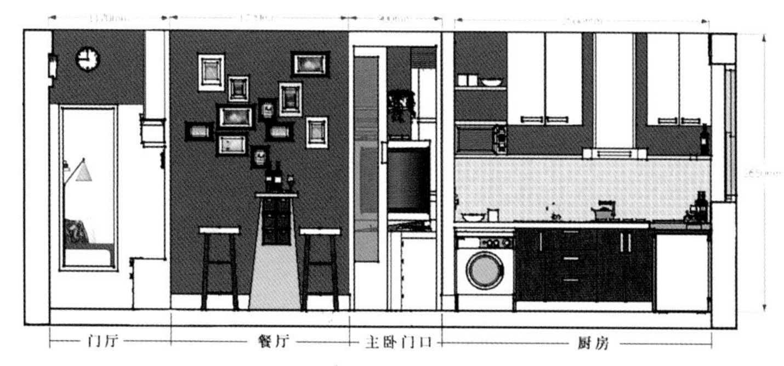

门厅、餐厅、厨房的立面，从门厅到餐厅，再到厨房，用红白色装饰连接，体现整体感

吧台壁向里凹，方便放脚，是体现人体工程学的细致设计

看似空间很小，但作为两人的餐厅却已足够，独具特色的吧台与背景墙时尚又实用

▶ 卧室

相较于整个居室空间来说，卧室相当宽敞。圆形床占去了卧室中西边的阳光角落，床头柜填补了使用率低的墙角，储物功能强，床头柜延伸后就有了衣柜与床之间的梳妆台。卧室的另一个角落则是男女主人的工作台，可以倚墙而坐。床对面是五斗柜，柜子上方设计了可移动的电视，使爱看电影的男女主人可以躺着或坐着欣赏影片，又使电视不至于占用空间。

主卧与阳台的工作读书区，空间宽敞明亮

| 床对面是五斗柜，柜子上方设计了可移动的电视，平时不用时就可将电视置于墙壁上

| 当使用时可把电视拉至任意角度观看，使爱看电影的男女主人可以躺着或坐着欣赏影片，又使电视不至于占用空间

| 主卧的主要工作区设计成了L形，使用方便且节省空间

| 工作台也为储物柜

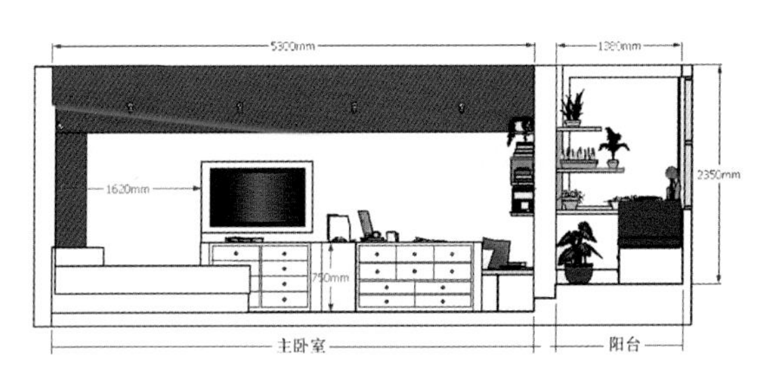

| 主卧室到阳台的立面

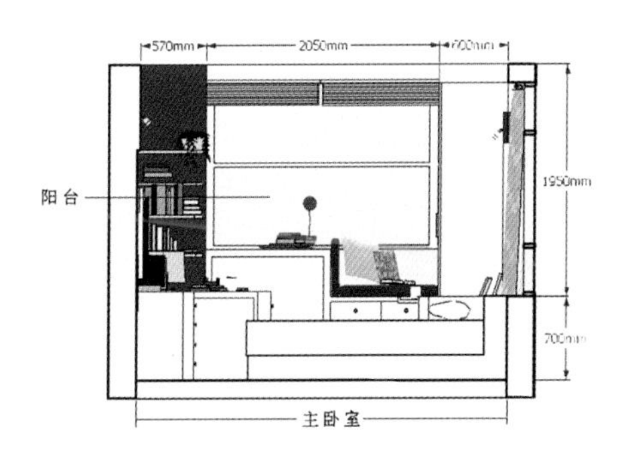

| 从主卧看向阳台的立面

▶ 阳台

阳台做了两级抬高，放置了类似躺椅的沙发椅，既可以让男女主人躺靠着翻杂志，又可以储物，躺椅延伸，可作书桌又可作为书架使用。阳台的另一角落设计成花架，看着使人心情舒畅。

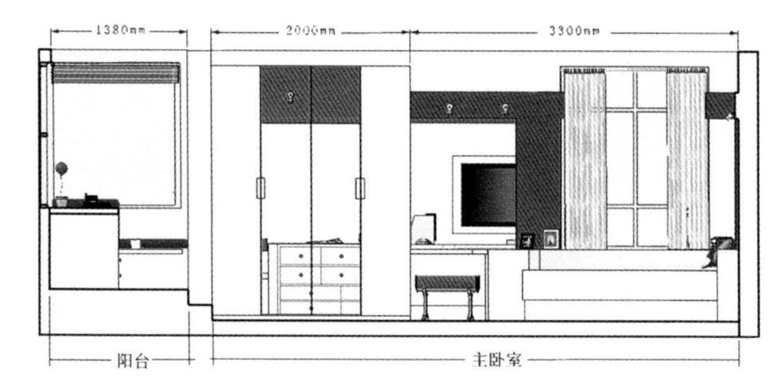

主卧工作台、电视背景墙与阳台、花台的立面

阳台上的软榻主要供男女主人休闲读书，晒晒太阳、喝喝茶

▶ 书房（瑜伽室或客卧）

这个空间集书房、瑜伽室、客卧于一体，最大限度地利用了空间的拼接合体。该空间做了两级抬高，地板可作为储物柜，可赤脚进入。在两个书柜间做了简易板书桌，书桌下掏空，使工作看书时不至于因长时间盘腿而导致腿麻。作为瑜伽室，在入口处的墙上用了镜面材质，且靠窗，光线充足，使女主人在练习瑜伽时心情舒畅。在书房中，沙发选用的是折叠式的，当有朋友拜访时，沙发就可以伸开作为床使用，这时这个空间就摇身变为客卧。

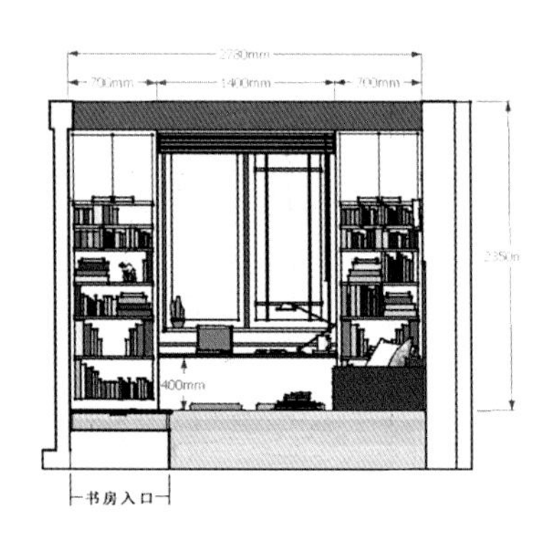

书房立面，主要为存储与工作空间

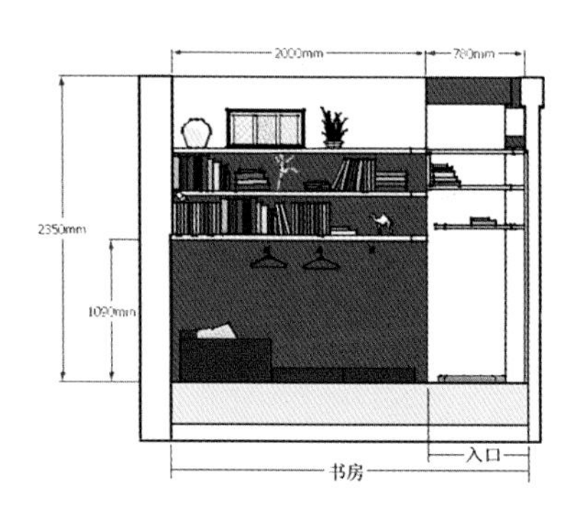

书房入口处立面，有客人来访住下时，可将衣物临时挂于置物板下方的挂钩上

| 书房工作区，可以把腿放到工作台下的空当里，也可以席地而坐

| 书房变为客卧，用可折叠式沙发做了转换

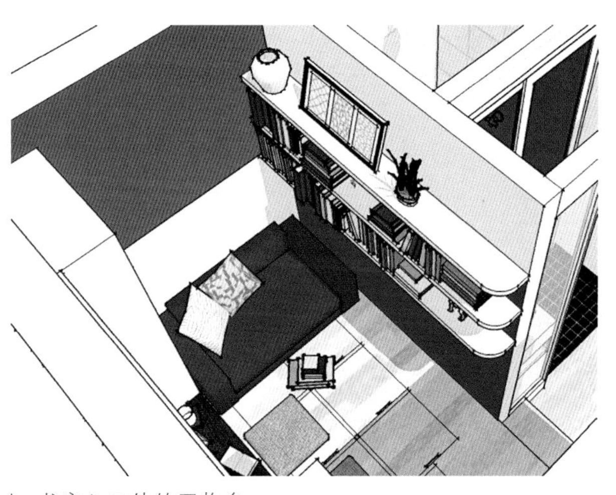

| 书房入口处的置物台

| 书房地面为隐藏式存储空间

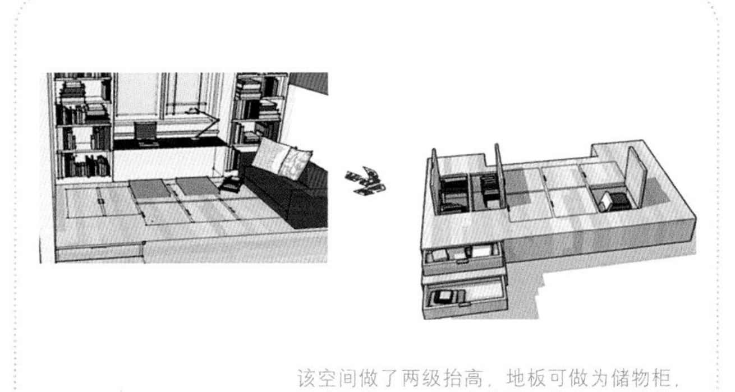

该空间做了两级抬高，地板可做为储物柜，可赤脚进入，适合当作地面储物空间使用，可席地而坐看书、练瑜伽，当要放置或拿取物品等时，拉开地面上的缺口板既可，且进入空间的台阶也设计成了储物空间

| 书房地面存储空间变化

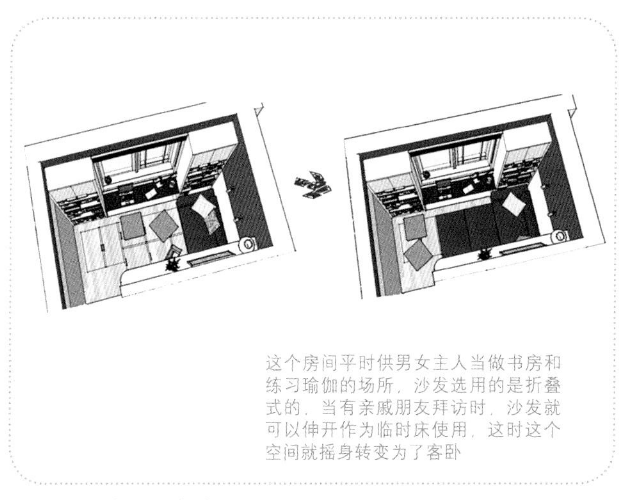

这个房间平时供男女主人当做书房和练习瑜伽的场所，沙发选用的是折叠式的，当有亲戚朋友拜访时，沙发就可以伸开作为临时床使用，这时这个空间就摇身转变为了客卧

| 书房、瑜伽室变客卧

► 厨房

因为男女主人都喜爱清淡的食物，所以厨房设计成开放式西厨。洗衣机与冰箱置于工作台下，整体色调简洁而干净。

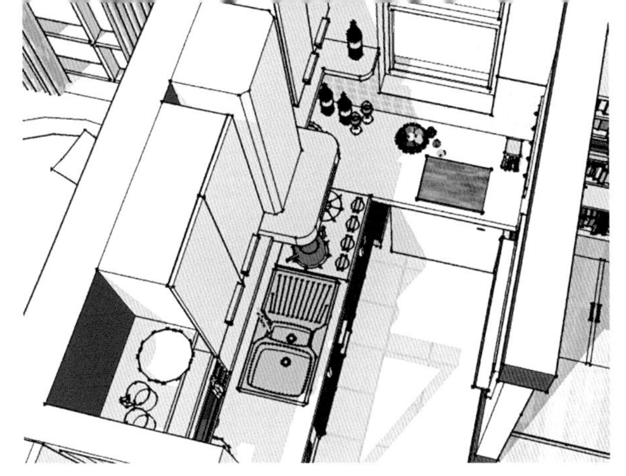

| 俯视角度的厨房

| 厨房入口处的墙壁用了半透明玻璃材质，从视觉上扩大了空间

| 空间虽不大，但不显得拥挤

| 厨房操作台，设计简单大方，台面下放置洗衣机与冰箱，节省了空间

| 厨房到书房再到卫生间的立面

▶ 卫生间

卫生间以黑白为主色调，时尚气息浓郁。由于卫生间空间狭小，把洗漱台与淋浴用推拉门分隔开来，卫生间入口去掉门，隔断用玻璃代替，在视觉上扩大了空间。客厅电视背景墙的台架环绕墙体延伸至卫生间的入口墙上，可放置书籍、杂志等，爱看杂志的女主人在方便时也可以享受阅读的乐趣。

▶ 空间色彩分析

空间色彩，选择了经典的配色体系：红、白为主调，木色、黄色穿插交汇，呈现了丰富的室内空间表情；时尚与经典的碰撞，赋予了室内空间不同的元素；红白为主色调，给人一种温馨舒适的感觉，用红色做环绕背景，呈现出一个特别的动态空间。

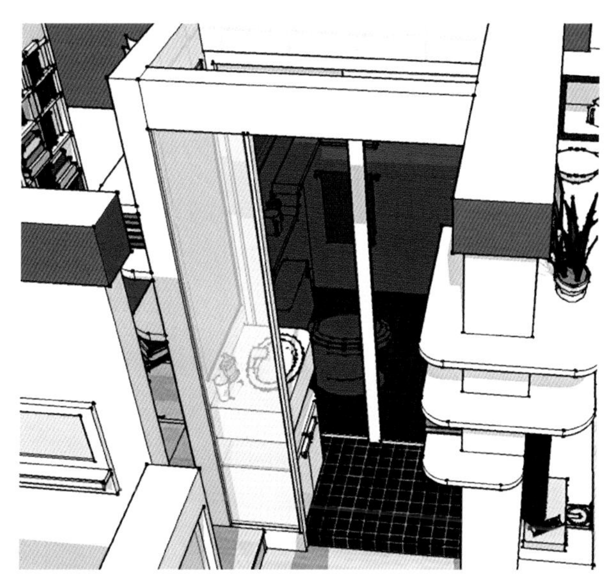

| 卫生间干湿区分开，入口墙设计成半透明玻璃材质，从视觉上扩大了空间

▶ 设计风格

北欧简约风格

目标人群	喜欢绘画艺术、漫画等，酷爱绿色（至少是在装修阶段），心理年龄较小的文化行业从业者，或工作于时尚边缘的夫妇。
男主人	陈世钧， 36岁， 职业插画师，从小学习绘画，毕业于某艺术学院，后留学日本。性格内敛、好静、随和， 正因为这样，创作的作品极富内涵和深意，广受市场好评，并因此以出售插图和接受杂志约稿为职业。最喜欢奈良美智的插画，平时大都在家进行创作工作。与女主人在一次杂志采访中初识，至今已认识两年有余，即将成婚。
女主人	林玲， 30岁， 湖北人，时尚杂志记者。最近喜欢绿色， 性格开朗，富有童心。喜爱阅读、运动，其性格特点正好与男主人互补，家庭装饰以女主人的要求为主。
设计理念	由于该户型空间有限，在3m层高的条件下，充分利用空间成为该设计的首要目标。根据男主人与女主人的工作性质及性格，需考虑到在充分利用空间的情况下，增加房间的趣味性和层次感，使小户型变大户型。整个房间采用白色加木色调，增加房间的温馨感，其中有绿色的调节又不失情趣。

► 户型平面上的改动

原来的户型基本不变，整个空间里只保留了卫生间的门，其他的门全部去掉。

1. 将原来的厨房改成开放式西厨，增加厨房空间与餐厅空间的互动性。
2. 把原来卫生间的门改到西面的房间，西屋作为开敞的画室，把和储物间之间的墙体打断，增加客厅的面积。
3. 厨房上面做了一个小的loft卧室。

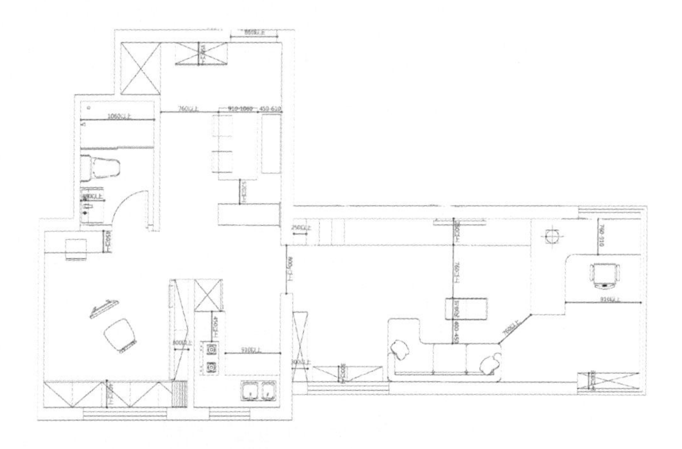

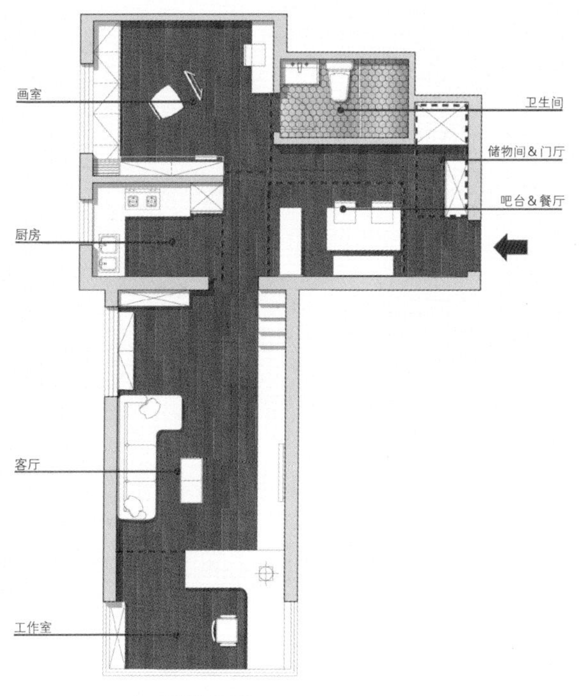

| 原始平面

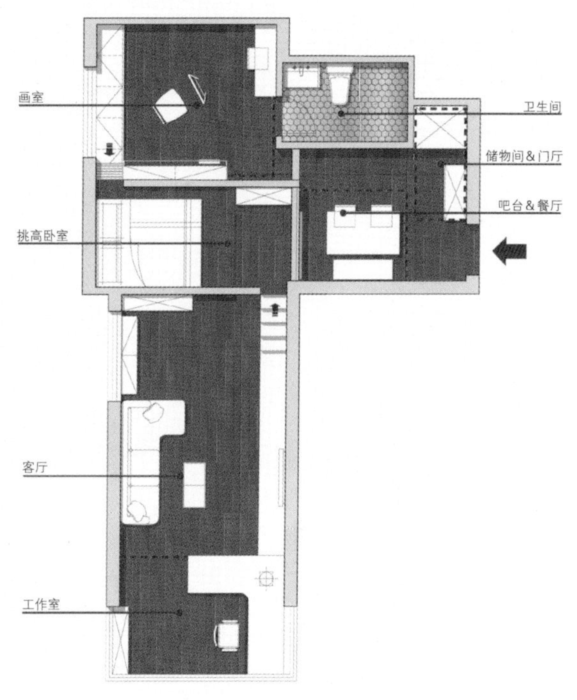

| 改造后平面

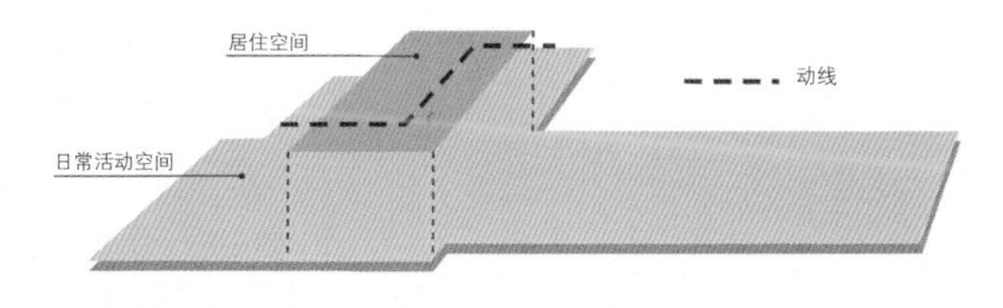

| 空间示意图

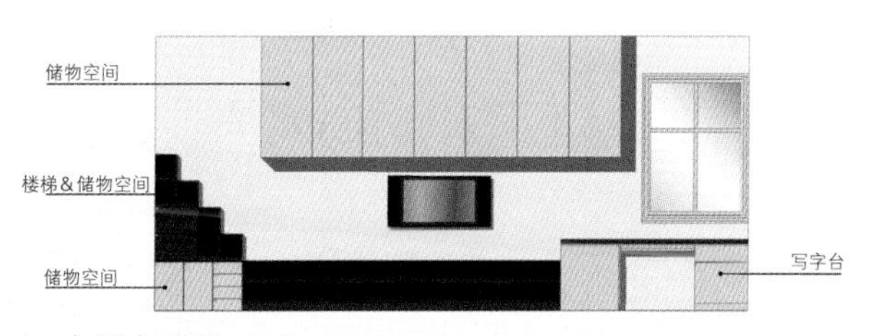

| 主要立面图

为了增加房间的空间感，将阳台与客厅打通。在阳台设立工作桌，方便主人工作，L形的桌椅将整个空间半围合起来，界定了工作区域。客厅采用简约的北欧家具，让整个空间看上去简洁明了。在四周的墙上设立书架以及衣柜，增加房间的收纳性和实用性，合理利用每一寸空间。木色地板、深木色家具、白色的家具颜色可以增加整个空间的层次，使空间富于变化。经过电视柜可直接通往卧室，富有趣味和变化，电视柜的下面可以收纳很多杂物。

| 客厅采用简约的北欧家具，让整个空间看上去简洁明了

| 客厅的沙发是白色的，整体色调都控制为木色、白色和绿色三种颜色

| 把客厅和阳台间的墙体拆除，将很好的自然采光引入了客厅， 木地板满铺至阳台，使客厅延伸到阳台

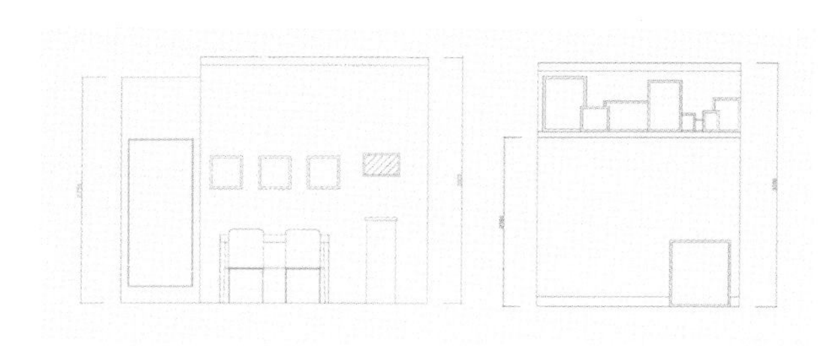

餐厅立面图

房间的入口安排了小餐厅，简单的餐桌背后的墙壁是女主人的最爱的绿色

餐厅

因为整个空间大都是开敞空间，所以设立了一个吧台来界定空间，增加了整个空间的神秘感和趣味性，也增加了餐厅的功能性，这样不仅可以在餐桌上吃饭，也可在吧台上享用早餐或者喝下午茶。绿色的背景墙调节了木色的厚重感，使整个空间轻松起来。

由于男主人的工作需要，因此专门设立一个画室，满足他平时进行插画创作的要求，而且在画室设立工作台，方便进行其他工作

画室

由于男主人的工作需要，因此专门设立一个画室，满足他平时进行插画创作的需求，在画室里还设立了工作台，方便进行其他工作，画室内那面绿墙，可自由粘贴照片和草图灵感。 因为男、女主人都喜爱摄影，可将平时一些小幅的得意佳作贴挂在上面，做个双人摄影展，增加生活情趣。其中专门设立一个书架，增加画室的功能性，专门放置男主人的插画和一些常备资料，并且在书架一侧增加通往卧室的爬梯，增添趣味性。

餐厅的墙上挂着男主人最爱的奈良美智早期的娃娃插画

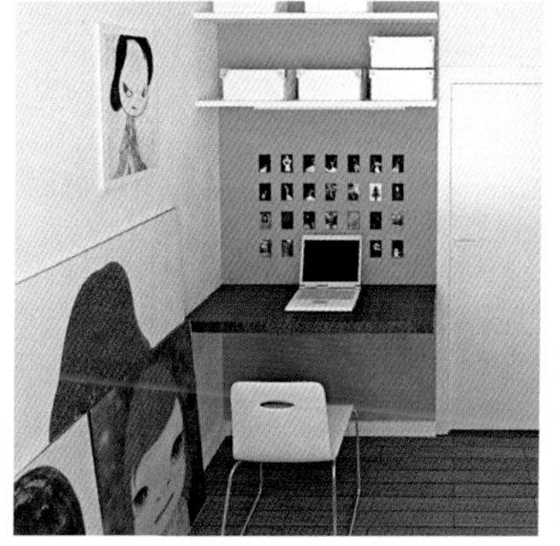

而画室内那面绿墙，可自由粘贴照片和草图灵感

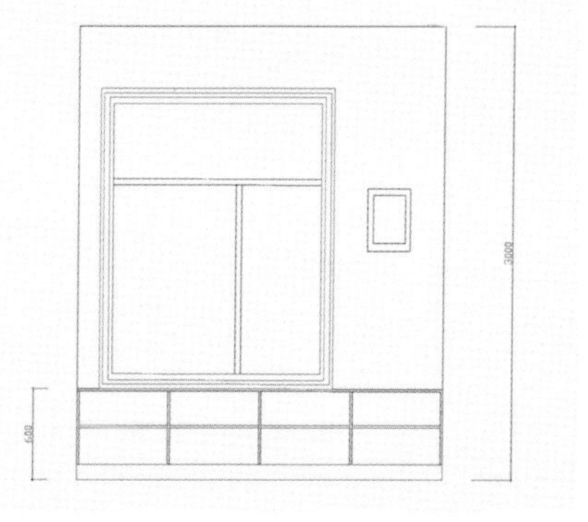

画室立面图

西面的房间作为书房，设置了通顶的书柜

开放式的厨房选用木色的橱柜和白色的台面，冰箱也放在厨房里，L形的料理台结构合理，墙上有绿色的记事板

厨房立面图

门厅和餐厅没有明显的界线，都是实木地板铺地，摆放鞋凳，墙上有挂衣架

▶ 厨房

厨房采用L形设计，充分利用狭小的空间，并且在一面墙上设置提示板，方便记录菜谱、留言等。

▶ 卧室

为了有效利用空间，同时增加私密性， 卧室建立在厨房上层，既可增加空间的层次，又合理利用了空间，卧室设置两个出口，增加了趣味性和实用性。

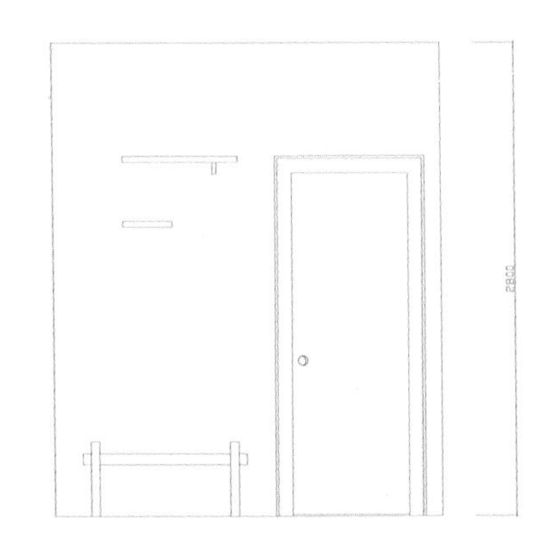

门厅立面图

为了有效利用空间，同时增加私密性，卧室建立在厨房上层，厨房层高2100mm，卧室层高800mm，充分发挥了居室空间层高3000mm优势，既可以增加空间的层次，又合理利用了空间

沿着客厅的电视柜可以通向卧室，墙上设有壁灯，可以做为小夜灯使用

在阳台设立工作桌，方便主人工作，L形的桌椅将整个空间半围合起来，界定了工作区域

卫生间

为了增加卫生间的舒适感，设置了吊顶，将层高设置为2400mm。采用的瓷砖是长条形，与蜂窝形的地砖形成对比，具有很强的设计感。因为卫生间空间有限，所以设置了一面镜子以增加空间感，镜子后面是一个收纳柜，可以收纳洗漱用品等杂物。

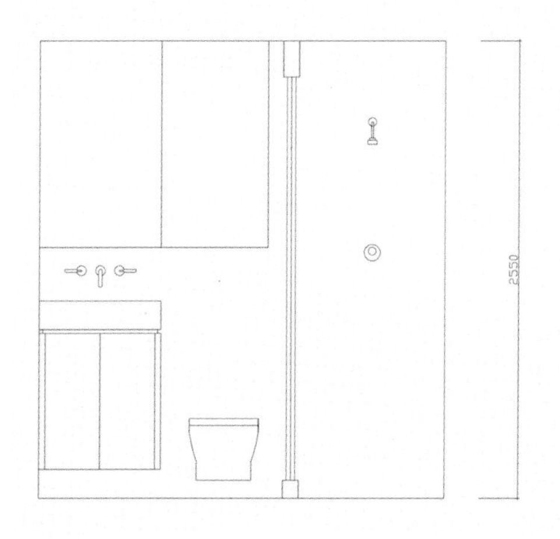

卫生间立面图

卫生间俯视图

10 新中式宿舍

目标人群	喜欢中西文化，热爱艺术，个性独立的丁克一族。
基本概况	房屋主人为两人，均为设计行业人士，兼大学教师，年龄在40岁左右，喜欢绘画，热爱生活。这个小房子是他们在学校里的宿舍，有课就会住在学校，假期回自己在校外的家。
男主人	戴维，在外企兼职设计策划。喜欢画油画，有油画情节，热情、单纯，喜欢骑马、游泳、打高尔夫球等体育运动。
女主人	雷尔，设计专业老师。比较宅，个性独立，但是有点懒，不愿意做饭，所以两个人在家基本不做饭，以即食简餐或者订外卖为主。闲时画点水彩，喜欢看书、看漫画、读散文 。喜欢纯色和灰色， 喜欢一切美好的东西，特别喜欢明式家具。
设计理念	整个设计采用自然与新中式结合的风格，运用中式元素如隔栅、案桌，自然元素如藤制沙发、自然石铺地、小片红砖墙，共同打造一个舒适、温馨、明亮的小宿舍。

设计风格

融合了现代中式元素的新中式风格

户型平面上的改动

1. 把原来厨房的墙体向北移1000mm，拆除厨房原来东面的墙体和南面的墙体，厨房改成开放式西厨，增加厨房空间与餐厅空间及客厅的互动性。
2. 把卫生间原来的门改成推拉门，节省了空间。
3. 西面的房间，楼下做小书房，楼上为卧室。
4. 把阳台原来的墙体打断，地面做了抬升，作为阳光画室和书屋。

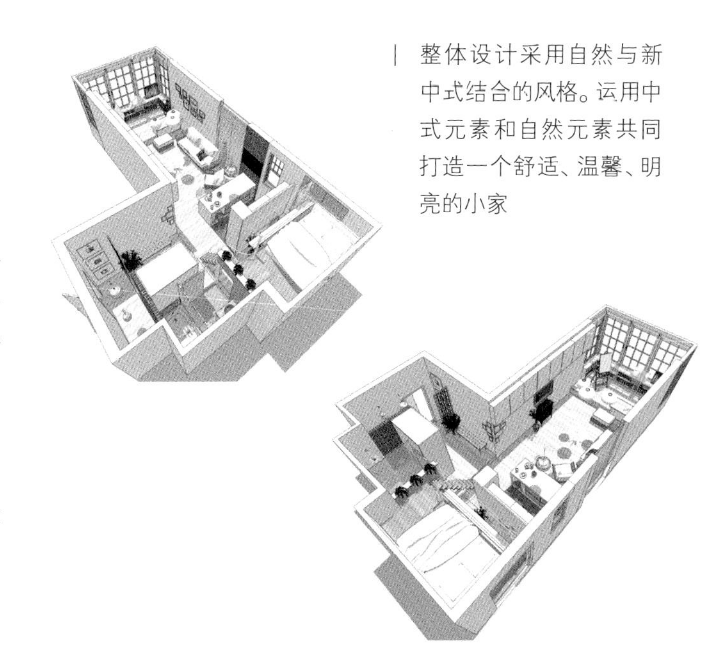

整体设计采用自然与新中式结合的风格。运用中式元素和自然元素共同打造一个舒适、温馨、明亮的小家

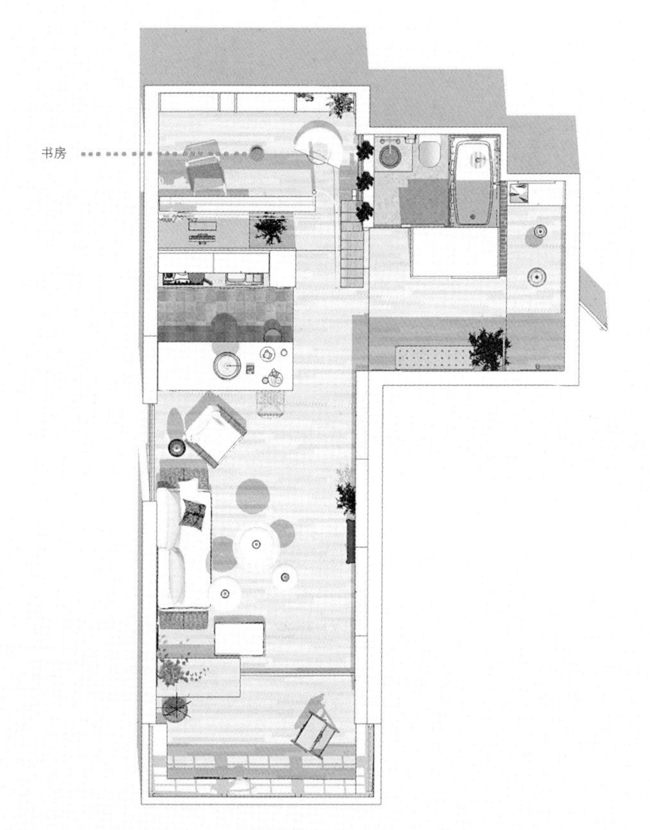

一层平面图

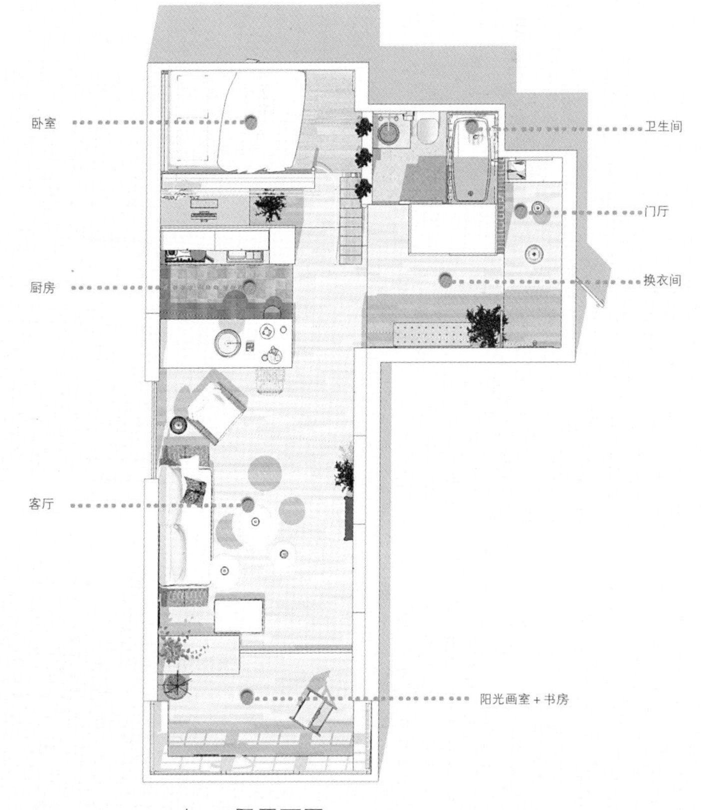

二层平面图

门厅的新中式隔断

▶ **门厅**

门厅以中式简化隔栅窗的形式竖立一面木隔断，表面刷白漆，避免视线一下子贯通室内，同时达到美化、分隔空间的作用。门厅背景墙铺设带有素雅中国元素的壁纸，并悬挂三幅戴维的风景油画写生，起到美化门厅、铺垫居室格调的作用。门厅南侧的墙壁设立鞋柜和雨伞柜等装杂物的柜子，红砖墙上可以挂从外面回来换下的外衣。

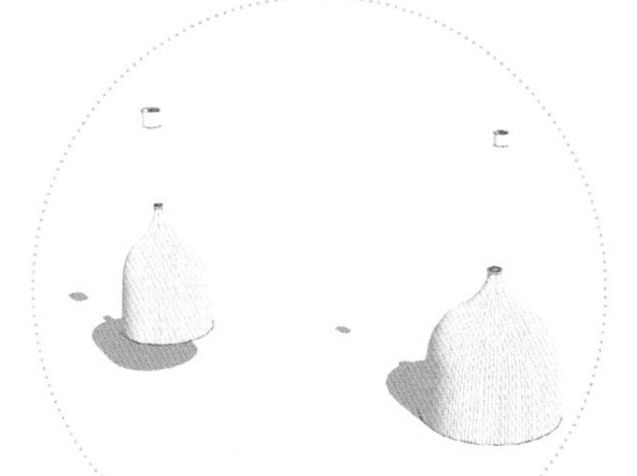

门厅南侧的墙壁设立鞋柜与雨伞柜

| 换衣间（衣帽间）

► **换衣间（衣帽间）**

走过门厅便进入换衣间，换衣间高直通至屋顶，两扇柜门表面为两整面镜子，起到穿衣镜的功能，同时使空间视觉效果延展，对面放置简化了的洛可可式恋人椅。

► **卫生间**

换衣间与客厅交界的右侧为卫生间，本着麻雀虽小却五脏俱全的原则，设置了浴缸与洗手台。厕所门采用推拉门的形式，节省空间。

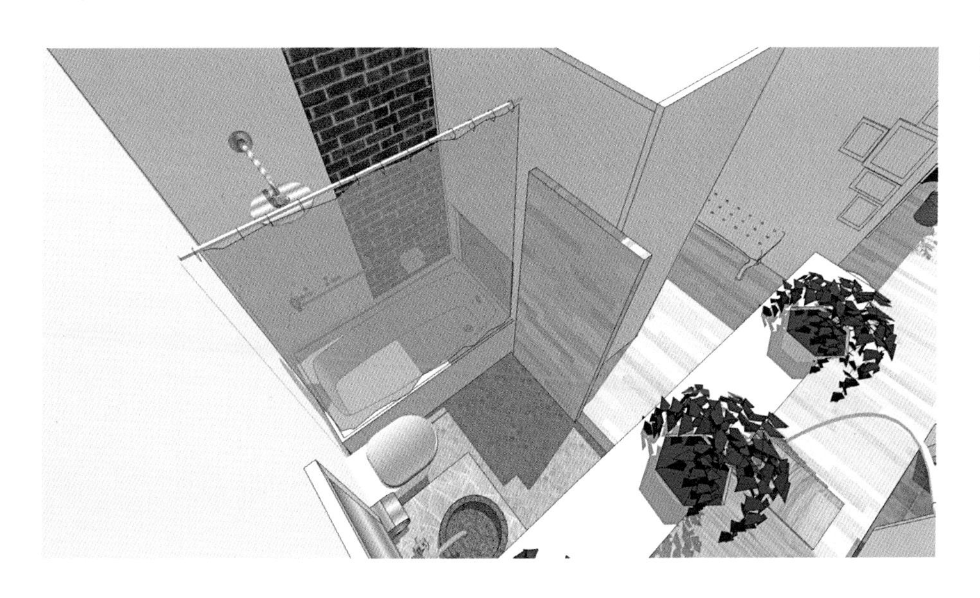

| 卫生间—衣帽间与客厅交界的右侧为卫生间，设置了浴缸与洗手台。厕所门采用推拉门的形式，节省空间

▶ 阳台、客厅、厨房

阳台、客厅、厨房是一个一体的开放空间，打断了原本的隔断墙，并将阳台窗户改造成大开窗，使空间的功能模糊。阳台既是一处阳光房，又是书屋，设立两排低矮的书架，可供主人在阳光下思考、阅读，并为酷爱绘画的主人提供了一处舒适的小画室。客厅采用原木色实木地板铺地，与藤制沙发、亚麻布靠垫、纸质吊灯和地灯共同营造一个自然、温馨的氛围。

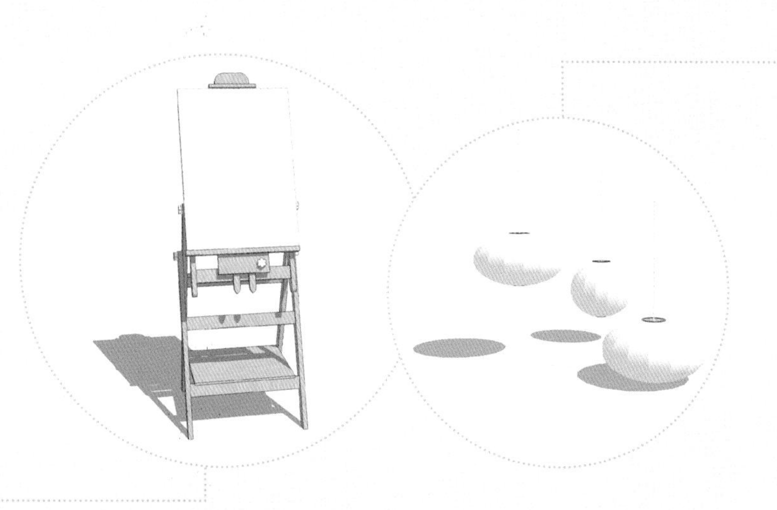

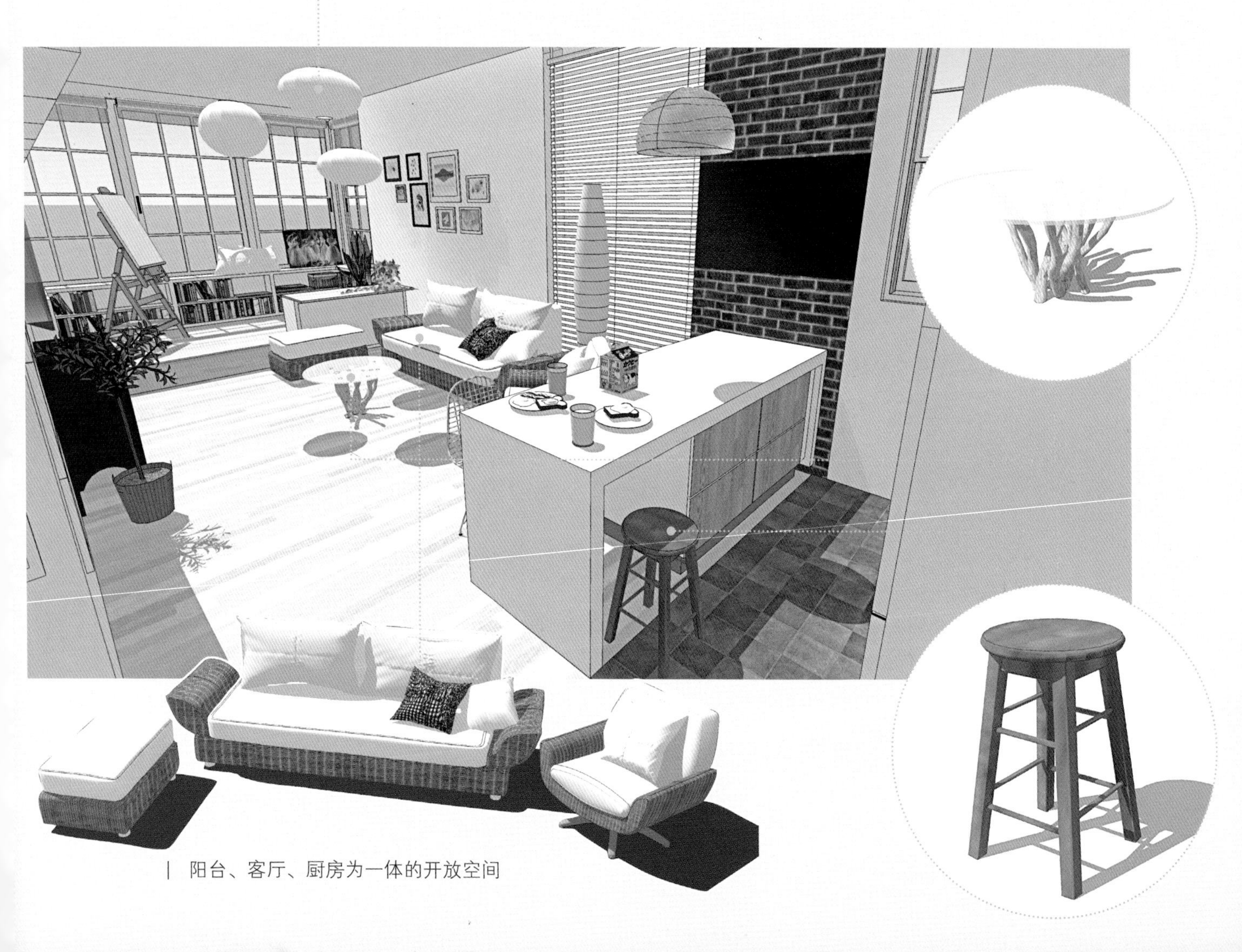

| 阳台、客厅、厨房为一体的开放空间

| 阳台成为一处阳光房

| 由窗外望向室内

▶ **厨房**

采用半开放式，厨房一侧墙壁采用红砖贴面，与门厅的红砖墙相呼应。

| 厨房采用半开放式，墙壁中间设置一块黑板，可以让女主人随时记录菜谱和留言

► 书房

厨房背后是一间安静的书房，可供从事设计行业的男女主人读书、工作。

| 书房

| 书房上层为卧室空间，经过一段木楼梯可以抵达。卧室空间挑高2000mm，层高1500mm

| 在这样一处安静的地方读书、工作，是一件惬意的事

| 通往卧室的木制楼梯，楼梯优雅的造型与整个居室的风格协调统一

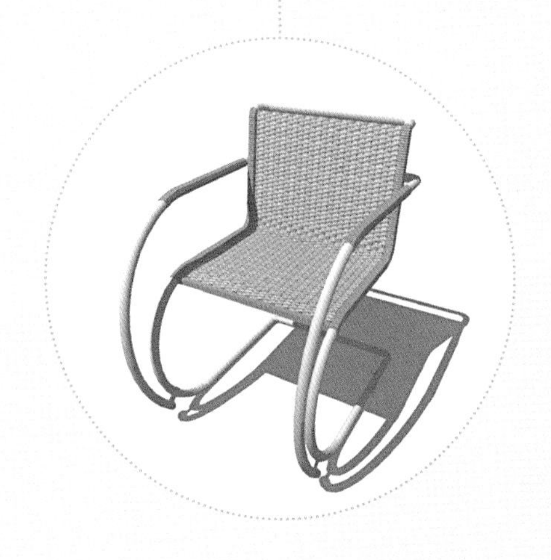

空间结构说明

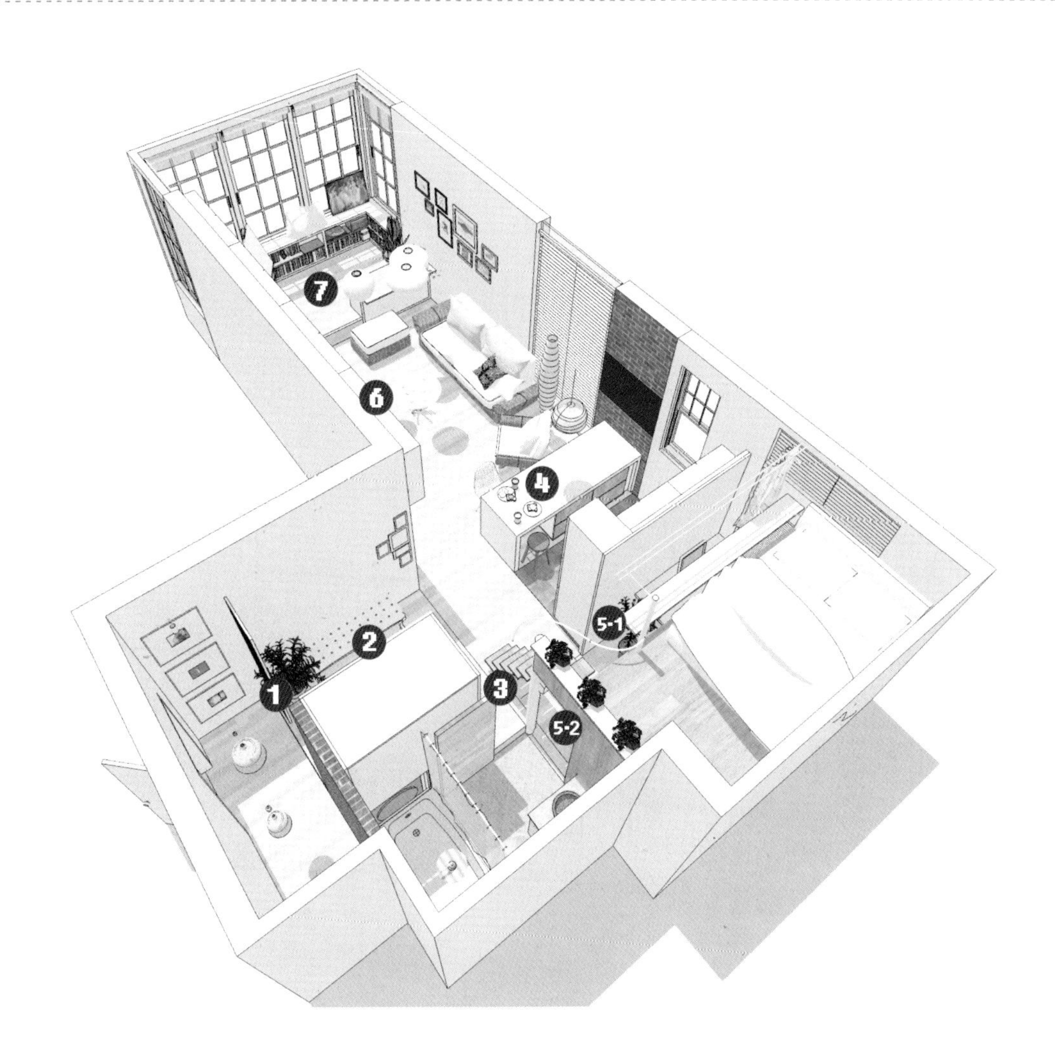

1　门厅后衣帽间（兼走廊）的地面挑高300mm，增强空间丰富性的同时，给人一种先抑后扬的感觉，新中式隔断起到遮挡视线的作用

2　衣帽间采用推拉门的形式，同时整面柜门为大穿衣镜，节省空间的同时，使空间得到一定程度的延展

3　厕所也采用推拉门的形式，节约空间

4　餐厅为开放式，可供夫妻两人边做饭边聊天，餐桌可以移动，可以在需要时起到调节厨房和客厅的大小的作用。餐厅地面采用石砖，与客厅空间相区分

5-1　一层为书房，男女主人为高学历的知识分子，有大量藏书，因此做大面墙书架存放画册、书籍，同时较大的书桌可作电脑桌和绘画桌之用

5-2　书房与厕所有小门连通，使用书房的主人不用绕道衣帽间使用厕所，同时增添空间的趣味性

6　客厅电视墙上方为大面积储物柜，使杂物得到很好储藏的同时保持居室外观整洁，使小居室空间不显得狭窄拥挤

7　阳光房地面抬高，与客厅空间隔离，主人可席地而坐享受阳光和书籍

11 致未来

在当今社会的大潮流下，房子对于年轻人来讲已不仅仅是生存的保障，它渐渐地被包装成一种奢侈品，或是一种炫耀的资本，在其并不华丽的外表之下，暗藏的是人们日益改变的生活方式。在小户型建筑已成为刚性需求的形势下，人们可以通过探索、找寻一种自己期望的生活方式，在“小”中体会生活的乐趣，并通过此方案激励未来的自己。

基本概况	位于辽宁省大连市的一个滨海小区，小区包括别墅区、商业区和商品房，公共设施配有休闲广场、超市、幼儿园、商场等。
适合人群	80末、90后的小夫妻
男主人	王易阳，27岁，工程CAD设计小组组长，工作组中有6名成员，其中冬瓜和晓饶是王易阳的死党，三个人在工作中是亲密的战友，平日里是无话不说的好朋友，还是闲时打游戏的机友。王易阳性格开朗、幽默大度，有些大男子主义，喜欢有事自己扛着，但是为人真诚、踏实，做事认真负责，富有上进心。喜欢打桌球、游泳、赛车等运动，喜欢看书、听音乐、弹钢琴，性格独立，有思想，追求生活中的小浪漫，誓要给陈倩幸福。收入月薪在8000元～10000元左右。

女主人	陈倩，23岁，大连市歌舞团演员，与男友王易阳相恋八年，执着并单纯地爱着王易阳。性格乖巧，活泼可爱，有点孩子气，任性、百变，爱逛街购物、看书，喜欢简单平实的生活，爱洗澡，喜欢阳光、温馨、浪漫的感觉。工作较忙，需要为演出四处奔波，有很多衣服和鞋子，希望和王易阳一起过安全、平实的生活。月薪在8000元左右。
家庭情况	男女主人相识于高中，相恋八年，大学毕业后结婚。男主人家庭条件一般，父母是工人，婚前与奶奶和父母生活在一起。女主人父母在事业单位工作，家庭条件优越，备受宠爱。
设计理念	由于男女主人都是80后，因此喜欢过简单的生活，希望屋子干净整洁，空间的收纳性就显得尤为重要，需要避免因搁置所造成的表面的凌乱，所以收纳性是本方案的要点。设计风格以简约为主，强调直线的运用。材料以木材为主，辅以石材、亚克力等材料，营造一种自然清新的气氛。

► 户型平面上的改动

1. 将厨房和卫生间的位置对调，厨房改成开放式西厨，卫生间成为明卫。
2. 原来的壁柜作为储物间。
3. 原来的西屋作为视听空间和客厅。
4. 南向的房间做成两个房间，分别做卧室和书房。

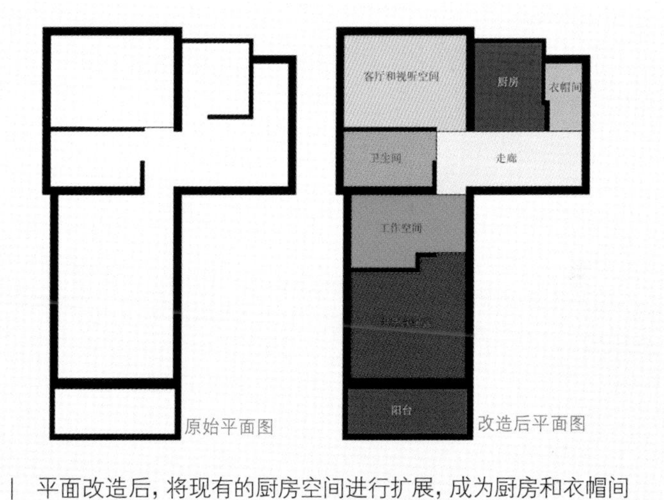

| 平面改造后，将现有的厨房空间进行扩展，成为厨房和衣帽间

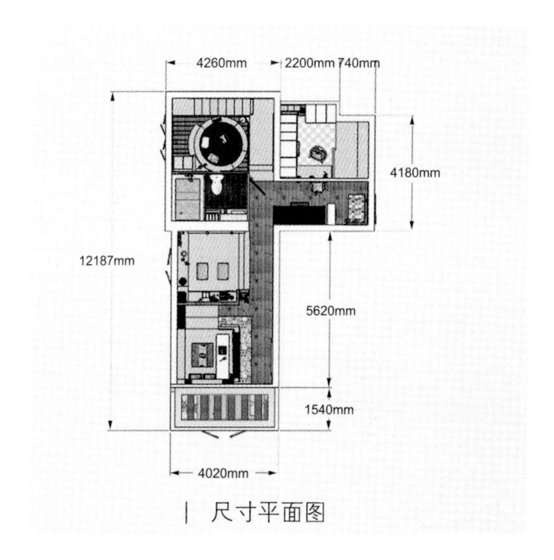

| 尺寸平面图

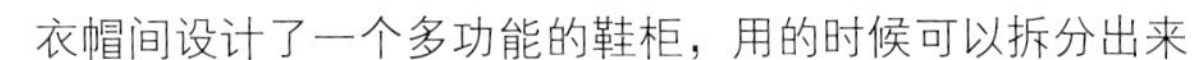

衣帽间设计了一个多功能的鞋柜，用的时候可以拆分出来

鞋柜拆分图

门厅

门厅的设计利用一个多功能的柜子进行遮挡，柜子可以存放钥匙、存钱罐等杂物，柜子的下方可以放置鞋子，透视的玻璃可以让人在进门的时候观察到屋里人的状态。

衣帽间

衣帽间的设计有很强的收纳能力，多功能的鞋柜主要为满足女主人鞋子比较多的收纳需求。（见鞋柜拆分图）

餐桌在平时用的时候可以放下来，1200mm的长度足够满足使用功能，不用的时候可以竖起来搁置在墙上

厨房

厨房与衣帽间用同一隔断隔开，上半部的空间用于储存厨房中琐碎的杂物。餐桌平时不用的时候可以用挡板搁置在墙上，增加空间的利用率。炉具和操作台合理安排，层叠的篮子的设计利用了空间中的死角。两把小尺寸的明式圈椅提升了装饰的格调，让整个空间带有些许禅意。

厨房顶部有一处木质的隔板，增加了收纳空间，可以将厨房的杂物放在此处

厨房的设计充分考虑到收纳的功能，上方的空间用于储藏零散的物品，同时用一面玻璃隔断将厨房和衣帽间隔开

厨房

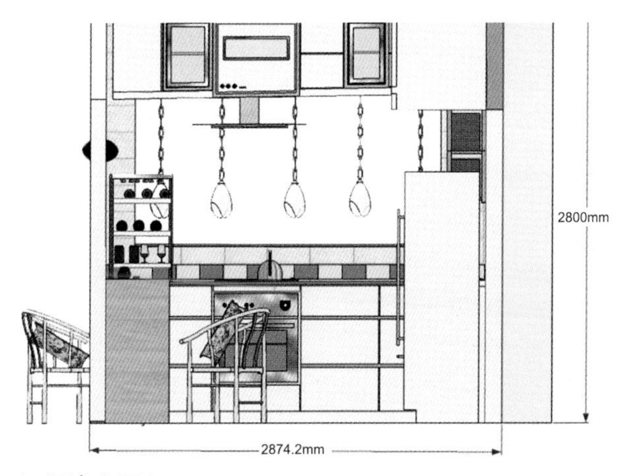

厨房立面1

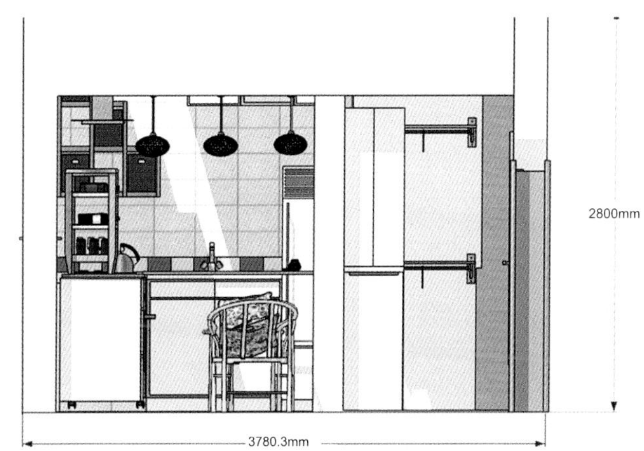

厨房立面2

| 厨房

| 厨房对比图

卫生间

卫生间的设计规矩大方，安置在原来厨房的位置，形成明卫，由于门和墙体都为磨砂玻璃，所以就更加“明卫”了，而且通风很好。将洗衣机放在洗手盆的下面，利用了闲置的空间，文化石与玻璃的结合使卫生间带有现代的味道，马赛克拼贴装饰的浴缸给人安稳平实的感觉，墙上内置的鱼缸及大落地窗的自然采光都为主人在沐浴之时增添了小情调。

| 女主人因工作原因，不得不吃得特别精致，所以她只吃非常健康的蒸煮食品。厨房的两把明式圈椅提升了装饰的格调，让整个空间带有些许禅意

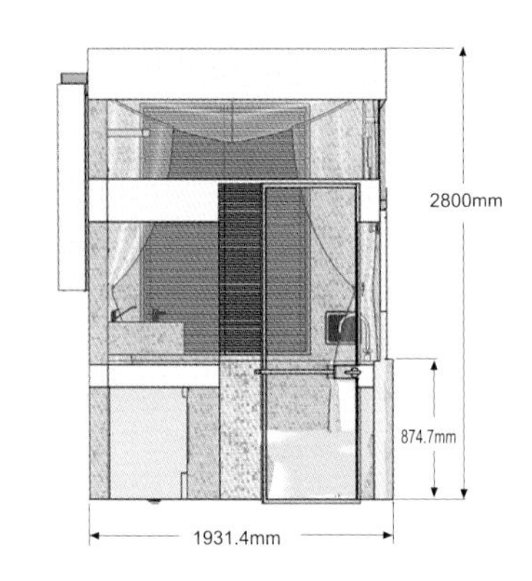

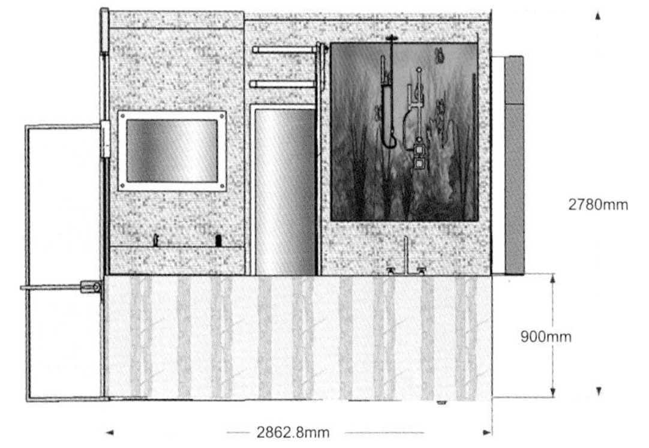

| 卫生间立面

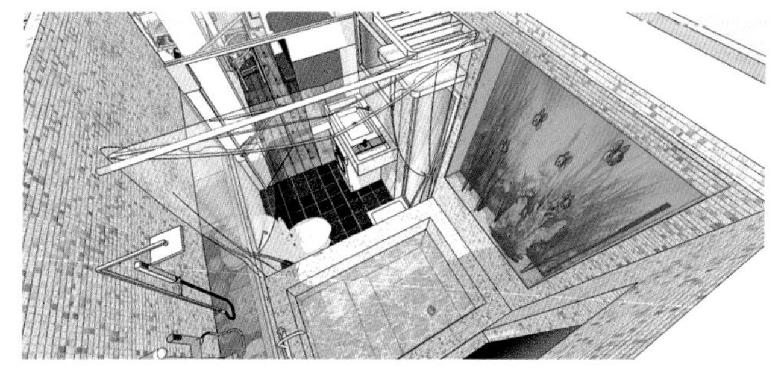

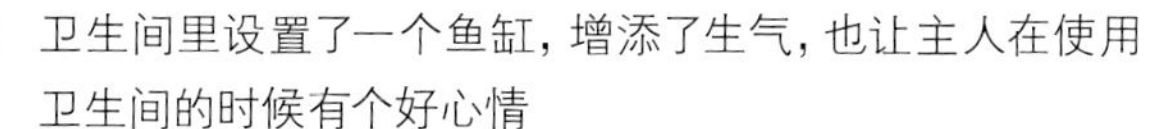

丨 卫生间里设置了一个鱼缸，增添了生气，也让主人在使用卫生间的时候有个好心情

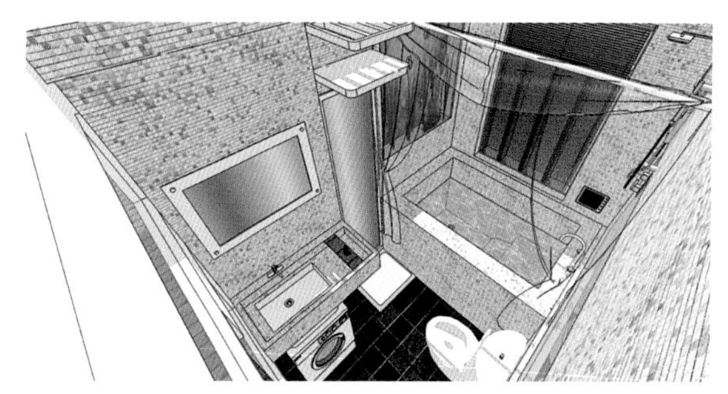

丨 由于门和墙体都为磨砂玻璃，所以就更加“明卫”了

丨 文化石与玻璃的结合使卫生间带有现代的味道，将洗衣机放在洗手盆的下面，利用了闲置的空间

丨 客厅内布置三个蘑菇形的沙发和圆圈图案的地毯，增添了趣味性。中间橙色的沙发是王易阳的专座，两边的沙发一般是陈倩或者冬瓜、晓饶打游戏的专座

丨 客厅里所有可以抬高的地方下面都是可以收纳东西的地方，不是抽屉就是扣板

▶ 客厅与视听空间的设计

客厅和卫生间有一墙之隔，墙的上半部是磨砂玻璃材质，整个客厅的自然采光很好。客厅与视听空间构成一个错层的空间，以地平面向下降低450mm作为客厅，以地平面向上抬高1800mm作为视听空间。客厅与视听空间以竖向楼梯相互联系，楼梯的台阶是抽屉，平时可以存储衣物和杂物。客厅内布置三个蘑菇形的沙发和圆圈图案的地毯，增添了趣味性，木质的CD架增添了时尚的味道。

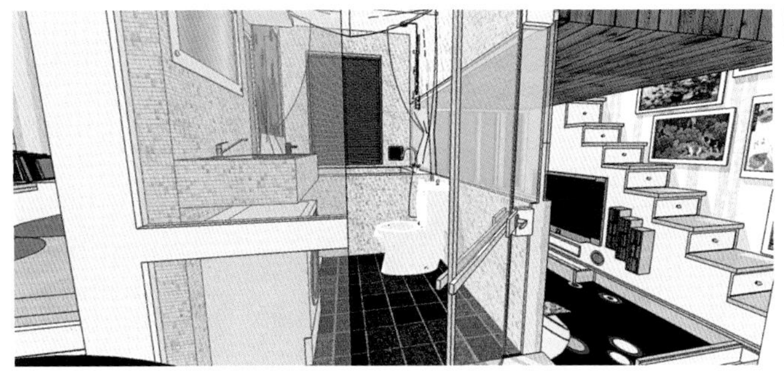

| 客厅和卫生间有一墙之隔，墙的上半部是磨砂玻璃材质

| 整个客厅的自然采光很好

| 客厅

| 客厅的设计增加了收纳空间，楼梯的设计符合这一点，精致的CD架点缀了客厅，圆环图案的地毯也增添了灵动的感觉

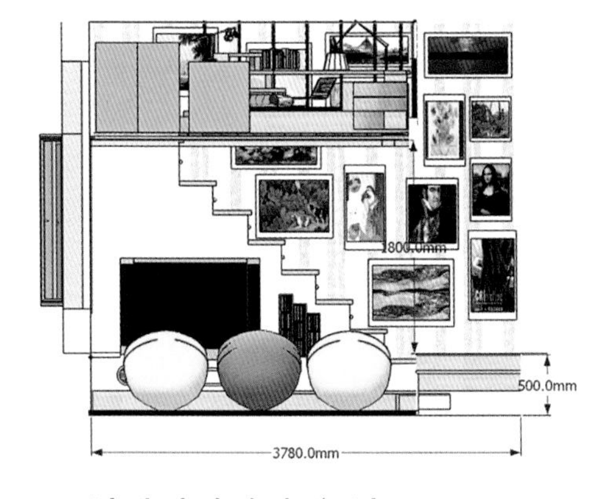

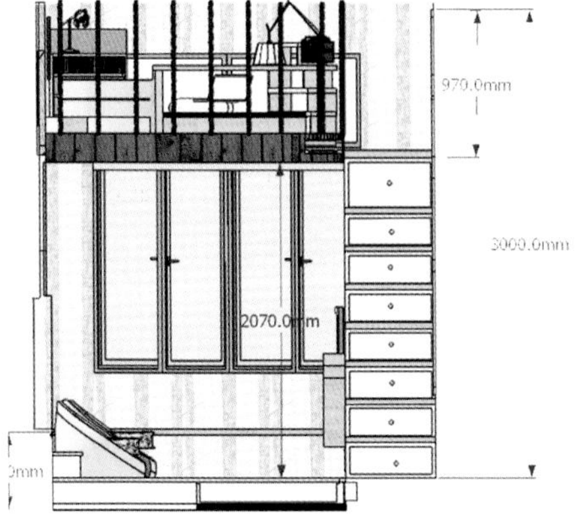

| 客厅与视听空间立面图

▶ 电视墙

电视墙的设计满足了男主人的兴趣爱好，同时也丰富了居室的装饰效果。

▶ 视听空间

主要用于安静地听音乐、思考以及休憩。装饰为后现代风格，运用亮黄色、木色、黑灰色等进行装饰，体现了时代感。内置数码设备齐全，保证了视听功能。此空间在5到10年之后可以用于小主人的休息和学习，也符合孩子喜欢爬上爬下的特点。

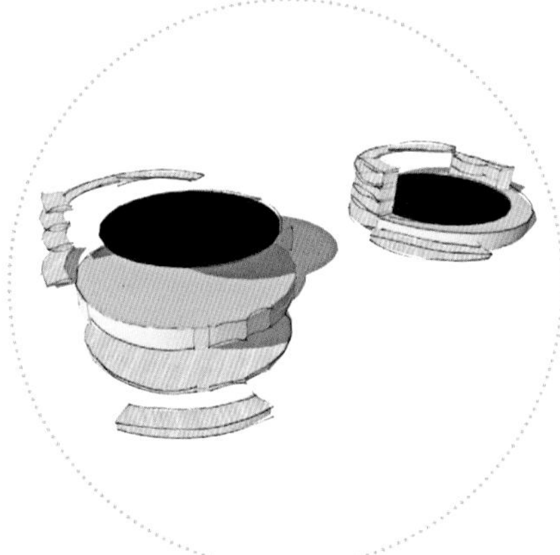

客厅的上面是视听空间，主要用于安静地听音乐、思考以及休憩，装饰为后现代风格

视听空间，是较为私密的空间，用于听音乐和看书，并且带有卧室的功能，5到10年之后孩子可以将其作为自己的小天地

视听空间，黄色的CD架带有储物的功能，同时亮丽的颜色也带给空间现代感

► 工作区（瑜伽室）

起台的作用是为了分隔空间和储物。木地板与石材的搭配营造出轻松、温馨的工作环境，隔板下的空间可以放置一些平时用的杂物和资料，大大的落地镜子可以增加空间的纵深感。此空间也是女主人的瑜伽室，大镜子供女主人锻炼形体时使用，在假日里还可以和男主人一起看书和练形体。

| 工作区，起台的作用是为了分割空间，储物木地板与石材的搭配营造出轻松、温馨的工作环境

| 工作间1

| 工作间2

| 工作区的设计将工作区和瑜伽室结合在一起，大的镜子起到增加空间深度的作用

| 工作区与书房相连，增强了小空间的节奏感

隔板下的空间可以放置一些平时用的杂物和资料。整面墙的落地镜子，可以增加空间的纵深感。此空间也是女主人的瑜伽室，大镜子供女主人锻炼形体时使用

从工作区的操作台上升一级台阶可以到达书房，空间上通过三个木质的台阶与工作区相连

► 书房

从工作区的操作台上升一级台阶可以到达书房，空间上通过三个木质的台阶与工作区相连，可以坐在台阶上聊天。书房的下面是卧室，人在床上的时间基本上是睡觉，所以高度可以减少。墙面的书架大大满足了男主人需要有大空间藏书的需求。

书房中整面墙的书架满足了男女主人平时藏书的需要，台阶可以用于看书和休息

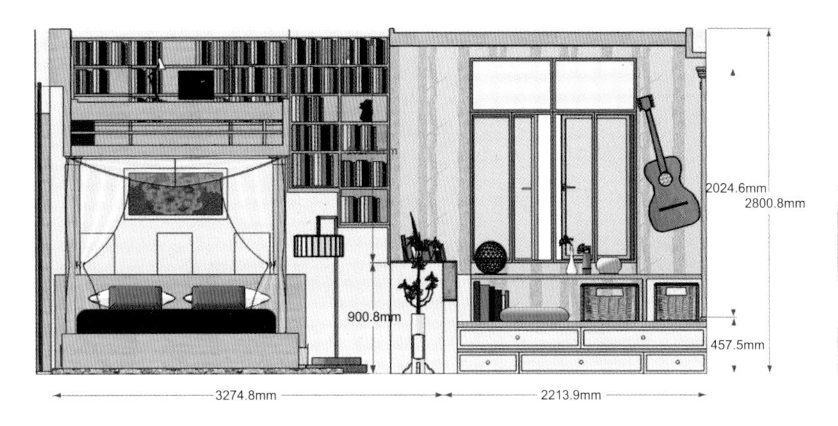

| 卧室与工作空间立面图

| 卧室的床体为可以拉伸的抽屉，平时可以存放被子、衣物等，床的背景墙有三个内置的灯槽，和床前的花地毯相配，增添了温馨的气氛

► 卧室

卧室的床体为可以拉伸的抽屉，平时可以存放被子、衣物等。床的背景墙有三个内置的灯槽，增添了温馨的气氛，也可以在平时摆设小的陈设品。墙上的三个闹钟可以提示主人早早起床，不要迟到。

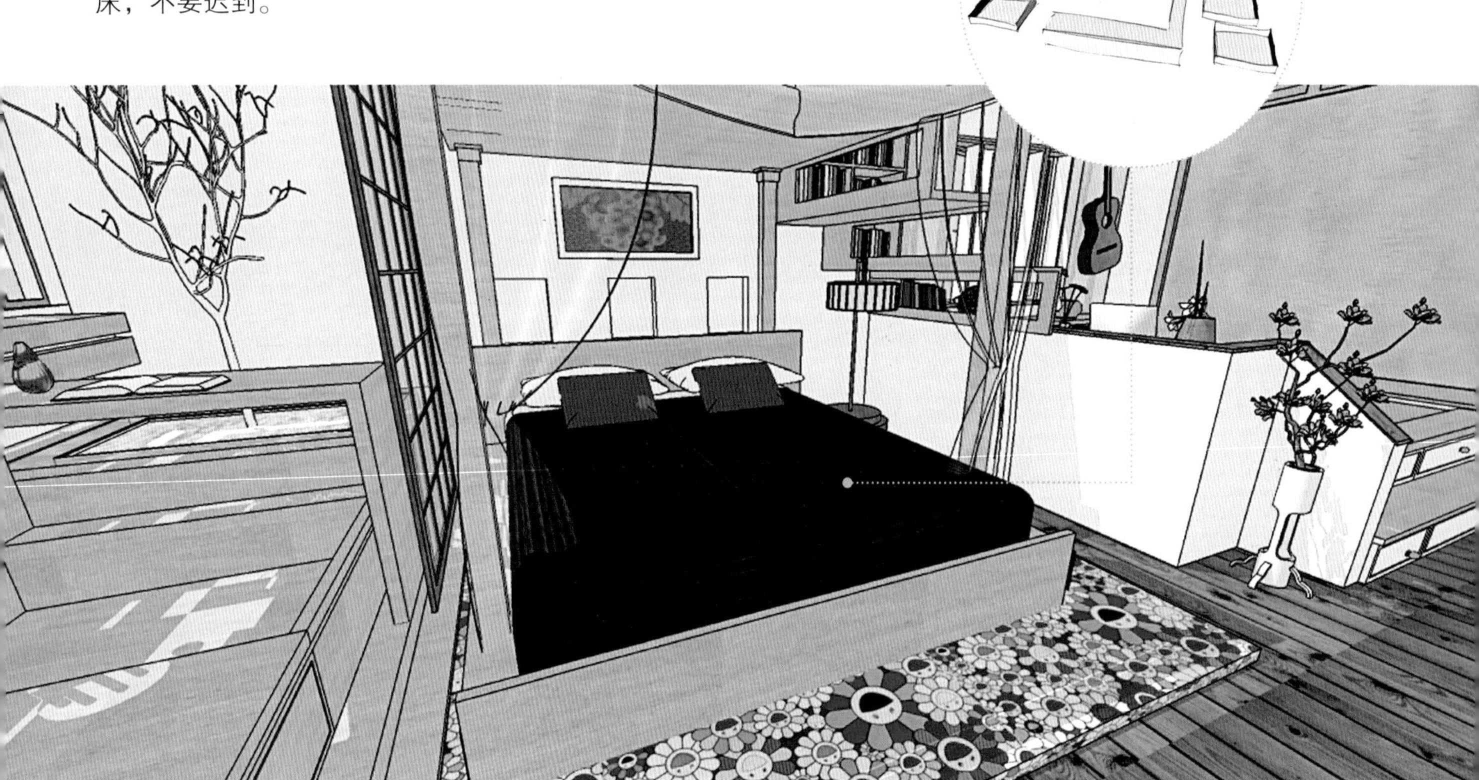

| 卧室的设计增加了收纳功能，墙上的三个窗口内置发光灯，可以放置一些小的陈设品

► 阳台

阳台的设计理念是以木板打造一个温馨的小空间，用于看书、休息和欣赏风景。顶棚用木方排成一列，玻璃镶嵌在中间增强了形式感，也给阳台带来了阳光的味道，增加了照射率。阳台中还放置了一组室内的枯山水微型景观，给室内增添了清新的味道。夏天的海风吹进窗户，风铃叮叮作响，使人怀念起曾经青春年少的时光。

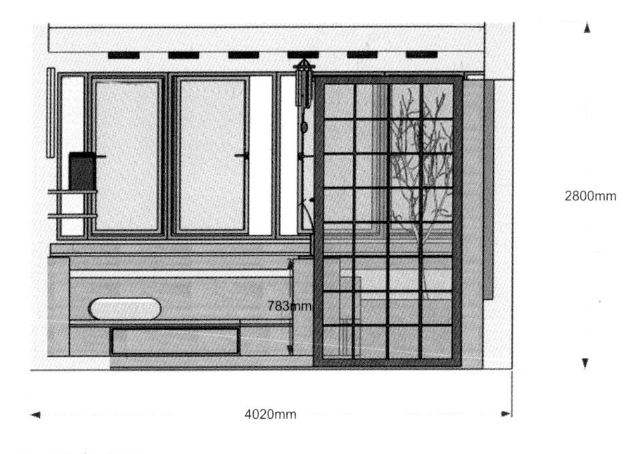

| 阳台立面

| 阳台的吊顶增强了透光性，给居室赋予了田园的味道

| 阳台的设计加入了室内的枯山水微型景观，增添了室内的意境。功能上，用于看书、休息和欣赏风景

| 阳台上的树和风铃都增添了怀旧和青春的气息

12 我爱高跟鞋

家不仅是我们安身立命之处，更是放飞心灵、自由飞翔的圣地。

目标人群	适合单身，有海外生活经历或者是个性鲜明的新女性。
女主人	贝拉（Bella），来自浪漫之都巴黎，现在北京定居，38岁，单身时尚女性，著名漫画家，是个幻想狂，爱奇思妙想，热爱漫画，喜欢沉浸在童话的世界里，喜欢看书、做饭，体会生活的乐趣、发现生活中的美。喜欢体验不同的生活方式，超级喜欢买各种鞋子，特别是高跟鞋，认为穿高跟鞋是女性最美的状态，是个高跟鞋控。贝拉希望打造能体现她个性的家居，在家里能有专门的地方陈列展示她喜爱的鞋子，能满足她多变的生活体验。
客户需求	贝拉在偌大的北京城里编织了关于家的梦想：个性、自由、温馨、实用、时髦是其理想中的家居生活。关于另一伴和孩子，贝拉正处在事业的关键期，暂时不考虑婚姻。但是贝拉热情好客，已经准备好供年轻朋友来家里暂住的次卧或者是小床。
设计理念	由于业主生长在浪漫之都巴黎，所以对打造个性家居看得尤为重要，希望自己的家不仅是住的地方，更多的是对生活的一种新的诠释，追求的是灵魂的自由，体现出主人对生活的热爱。本套方案主要是采用古典式的装修风格，打造个性温馨的家居设计，充分利用垂直空间，利用具有古典风的拱形元素作为重要的设计手法，使空间富有层次和变化，并且在色彩上使用了对比色，让人感觉耳目一新的同时，如一股暖流流过人们的心中，消除了看惯了工业化冰冷、无情的世人的无奈和孤寂。

► 户型平面上的改动

1. 把原来厨房的墙体后移，扩大厨房的面积，把厨房改成开放式西厨，餐厅放置在厨房中，节省空间，增加互动。将厨房南向的墙体打通，利用拱形设计增加厨房和书房的交流，使整体房间通透，增加视觉面积。
2. 把原来的卫生间和储物间之间的墙体打断，并进行整合，将储物间的墙体和卫生间的墙体以及与厨房后移的墙体取平，这样卫生间的面积就扩大了，形成一种逐渐推进的卫浴空间。卫浴空间的墙体和厨房的墙体取平可以增加小户型空间的整体性、通透性，扩大视觉面积。
3. 将阳台的墙体和南向的房间打通，可以安置一个很好的学习空间和开敞的卧室，使小户型的空间面积得到最大的利用。

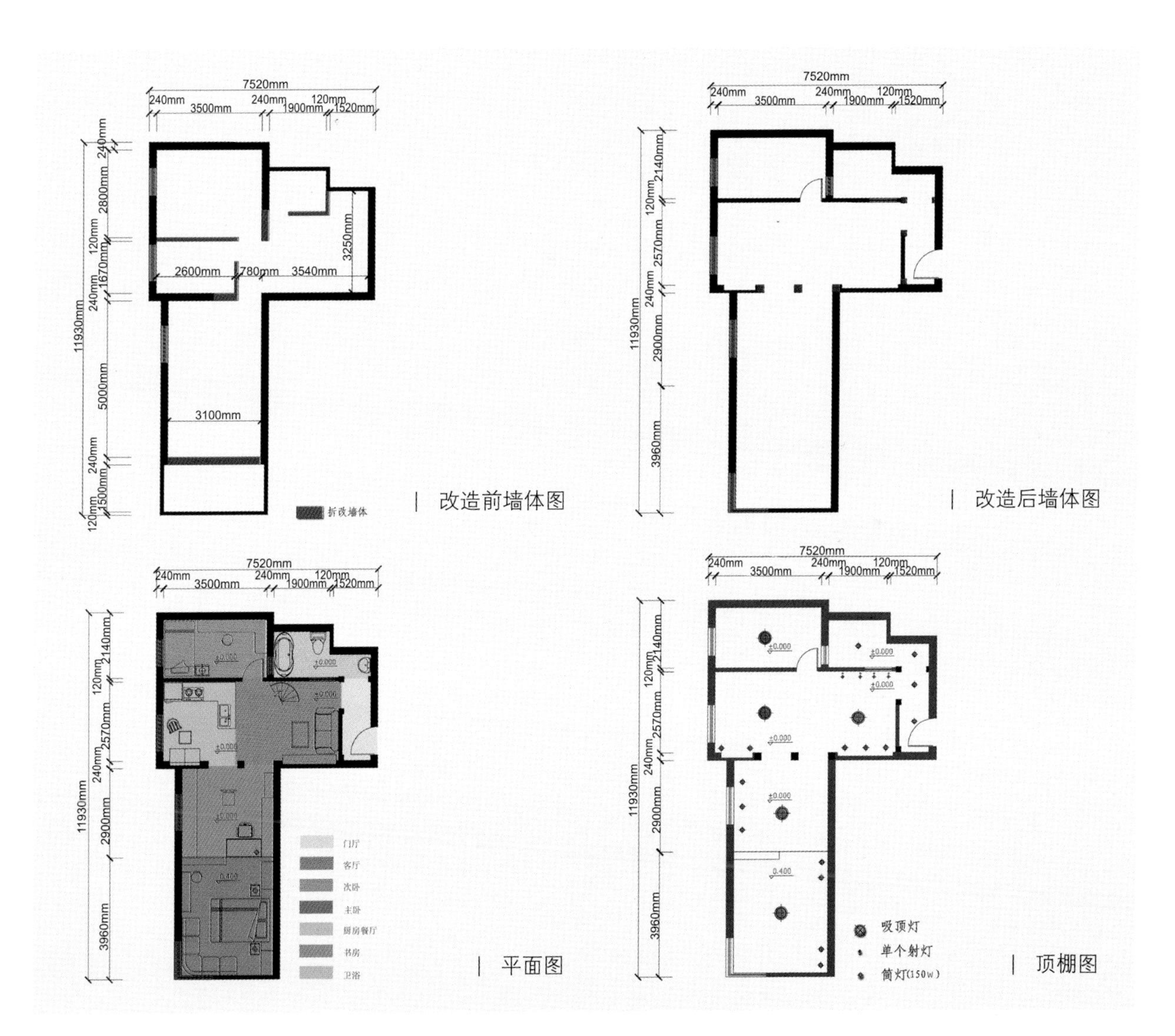

改造前墙体图

改造后墙体图

平面图

顶棚图

► 门厅

门厅采用了倒置的拱形，与客厅有一定的划分，又有一定的联系，可以使空间看起来更开阔，丰富了空间的流通性。倒置的拱形下面放有小柜子作为储物空间，在门口处设有女主人喜欢的鞋子陈列墙，使房间的个性增强，也满足了主人的要求。

► 门厅、卫浴、客厅的拱形连接

拱形设计是本方案的一大特点，其中主要体现在门厅处和客厅处。门厅处的拱形连接了三个空间：门厅和卫浴相连，又和客厅相接，拱形是室内的长廊。这样的设计让室内空间变得丰富，让人产生联想，像一件艺术品一样耐人寻味。

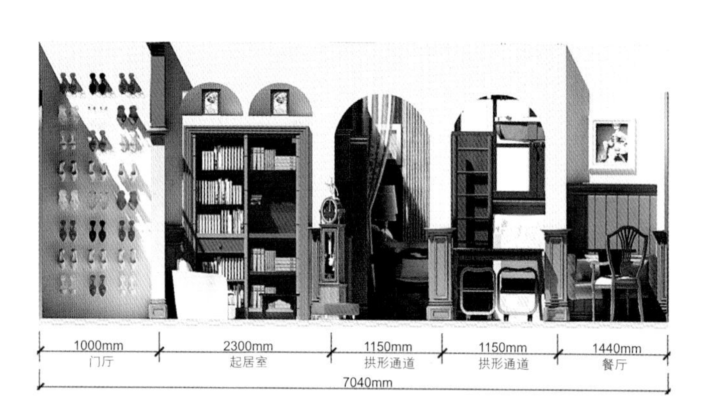

| 立面

| 在入口处，可以看见整个客厅和厨房的面貌，整体性强，门厅两个倒置的拱形增加了空间的趣味性

| 女主人爱高跟鞋的特点暴露在门厅侧面的墙上，一整面墙上都是高跟鞋。两个倒置拱形在门厅中的运用，并且在一进门处设置了鞋墙，符合主人热爱生活和高跟鞋的特点，也便于贝拉出门时选鞋

拱形在书房和厨房之间也得到了应用，拱形门的利用突出了这个房间设计的特点

起居室的小床铺也采用了拱形元素。拱形继续作为设计的一部分，让设计更加有呼应

两个倒置的拱形空间安排在门厅和起居室之间，增加了室内空间通透性的同时也能让各个区域有所划分

从起居室看卫浴空间。卫浴空间得到了很大程度的利用

门厅处的拱形让空间变得丰富，两个拱形分别通向起居室和卫浴空间，地面和立面格子的色彩变化也使空间变得更丰富

卫浴空间将洗手盆、厕所和浴盆分开，这样使干湿分开。在墙上开了两个窗，使房间的通透性变强、空间变大，同时又保持了卫浴的舒适性

浴室借助了次卧的窗户，使卫浴有一定的阳光射入，卫浴空间也变得更加富有情趣

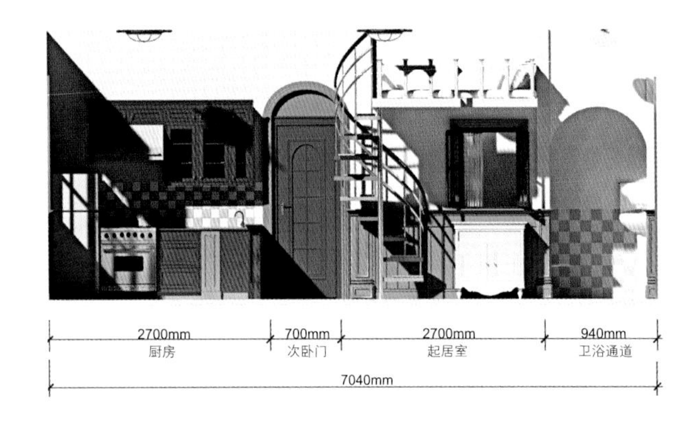

厨房—次卧—起居室—卫浴通道立面图

► 卫浴

卫浴空间的设计是相对开放而通透的，把传统划分空间的门变成了拱形，在门厅通向卫浴的地方设有洗手盆，是一个先狭窄后开敞的空间。为了减少卫浴空间狭小的感觉，选择了在墙上开窗，窗户沟通了卫浴和客厅，并且浴盆处有来自次卧的间接自然光。为保持家居的古典风格，用黑白和绿白格瓷砖贴面装饰。

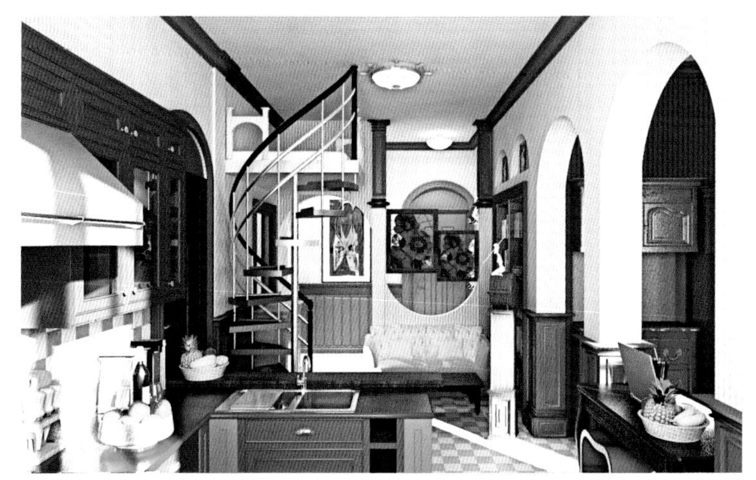

拱形使起居室变得更加有层次。用软隔断隔开了不同的功能分区，灵活而又能体现差别。室内楼梯的最大作用就是丰富了空间，楼上的空间放置了一个小吊床，可以俯视整个起居室、餐厅和厨房

起居室空间较小，用了很多的内置空间，可以扩大空间并且可以很好地储物。起居室的蓝色沙发和红色沙发都是符合室内设计风格的和谐色调

起居室的小床铺可以满足主人的功能需要，拱形隔断继续作为设计的元素在外形上也具有一定的装饰性

客厅

连接门厅和客厅的是两个相互倒置的拱形，通过一个拱形进入客厅。在客厅中摆有双人沙发，并且有内置的陈列柜，节省空间的同时能够装饰客厅。为了满足主人公的多种生活方式，在客厅处设计了旋转楼梯，可以通向二层的床铺，加大了主人公选择休息空间的自由度。客厅和厨房是通透的，将本该放在客厅的电视放到了厨房操作台的柜子中，这样不仅节约了空间，满足了主人的使用要求，还加大了各个功能区的联系与交流。客厅设计变化丰富，层次多样，具有强烈的设计感。

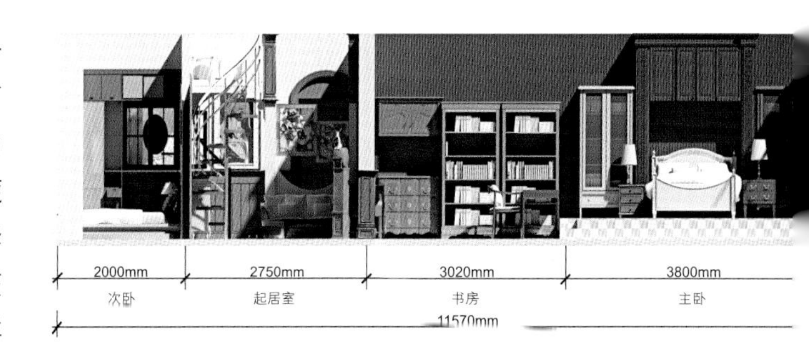

次卧 — 起居室 — 书房 — 主卧立面图

作为开放式的厨房，考虑到了厨房餐厅的采光需求，把餐厅和厨房结合为一体，可以在吃饭的时候享受楼下的景色

▶ 厨房与餐厅

厨房采用的是开放式的西式厨房，地方较小但是功能齐全。厨房的操作台是可活动的设施，可以和通向书房的拱形下面的桌子结合，满足家中有多人做饭时对操作台的需求，设计得比较灵活。在厨房中，餐厅占面积虽小，但是却很精致，内嵌的软垫沙发、方形可移动的餐桌、餐椅都满足了使用功能，并且靠近窗户，方便采光，使做饭成为一种生活享受。

因为女主人喜欢做西式料理，所以厨房为开放式厨房，设计了一个L形的操作台

▶ 厨房与书房的连接处

在厨房和书房的连接处也运用了拱形的设计元素，设计了两个拱形空间，加大了空间的通透性，减弱了小户型狭小的感觉。在拱形下面可以做出灵活的办公休息空间，满足主人公多变的、自由的生活方式。拱形的设计在空间上似乎把整个室内空间进一步推进了，使人顿时感觉到进入私密空间时的心理安全感，空间的私密性、人们对空间的依赖性得到了很好的体现。在视觉上采用园林借景的设计手法：在厨房中可以看到美好的书房设计，在书房中同样也可以看到厨房的美好景象。

整个空间是通透的，这是厨房和书房的连接点，同样运用了基本的拱形元素

▶ 书房

书房采用了比较保守、传统的设计方法，在墙的两侧加入了高高的书架，这样的设计与客厅和厨房灵活多变的设计形式形成对比，让房间不仅看起来独具个性、可爱，也让其具有文化的沉淀感，给人营造一种安静、祥和的学习气氛。东南边的书架和与卧室交接处放有书桌和丹麦大师汉斯·瓦格纳设计的椅子，可以在此学习、工作。在靠窗户的那面书架中，顺势做了较宽的窗户台面，这样可以坐在窗台上一边看书，一边欣赏外面的景色，使心灵得到极大的放松。书房的设计大部分是基于墙面的平面化设计，在空间上利用了方形的储藏柜，打破了空间的单

书房中的桌椅和书架连为一体，节约了空间。将卧室空间抬高，使卧室和书房有一定的区域分隔，空间得到了更好地利用。地面色彩的变化也有区分空间的功能

一性，使流线变得丰富。储藏柜既具有一定的储藏功能又是一面梯子，可以登上屋顶的吊床。

书房和卧室为相邻的空间，中间用软隔断帘子隔开，使空间变大的同时又起到区分空间的作用

卧室

卧室和书房之间也是通透的，但是为了保证卧室的私密性，在两者中间加了软隔断——帘子，使用起来比较灵活，形成的效果也是多样的。同样为了区分空间、强调卧室，将卧室抬高了400mm，台阶可坐，卧室的柜子使储物的功能得到满足。卧室的窗户结合拐角处的沙发，是闺蜜们聊天的最佳地点。卧室更多地采用了色彩的对比，形成了自己的特点。

次卧

次卧的设计与整体设计统一，满足了使用功能，次卧和卫浴之间有一扇窗户进行沟通，很好地解决了卫浴空间要有自然采光的问题，而且也使次卧的形式有所变化。

卧室的整体色彩仍然以降低了彩度的红绿色为主，白色和灰色软装的加入，使空间更加温馨和浪漫。拐角处有窗，沙发放在这里有很好的采光，是主人与闺蜜聚会聊天的好地方

► 色彩与陈设

本方案更多的是体现一种自由、温暖、古典的家居设计，所以在色彩上大胆地采用了红色和绿色这两个对比色。颜色的对比形成的是一种个性化的、古朴的视觉和心理感受，让房间更有时间的沉淀感，使主人的生活更有情调，在运用这两个主要色系的同时加入了蓝色和木色作为点缀，打破了单一感，光线与这些色彩的配合使这一效果更加生动。

陈设采用的是古朴且有细节的物品，主要是为了配合家居整体自由、人性、温暖和个性的设计，让室内看不到工业化的冰冷。房间中还设计了墙裙、角线等，与色彩、拱形互相配合，使房间更加复古和人性化，墙裙在一定的地方还有放置物品的作用。

次卧沿用了卧室的色调，同时在次卧的房间内开窗，为的就是使卫生间可以有一线阳光，不仅使次卧有了丰富的层次感，还可以满足浴室的采光需要

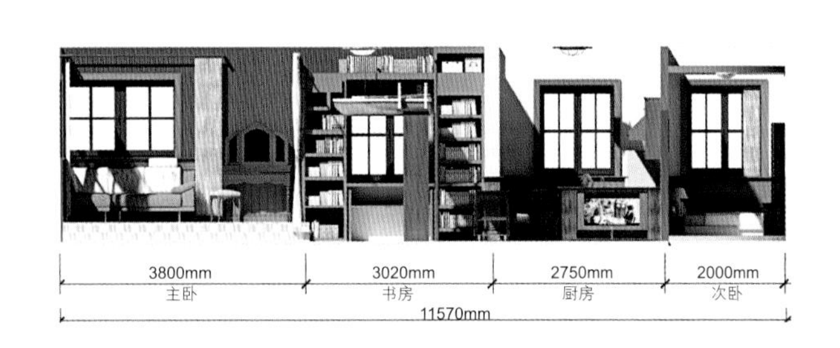

主卧 — 书房 — 厨房 — 次卧立面图

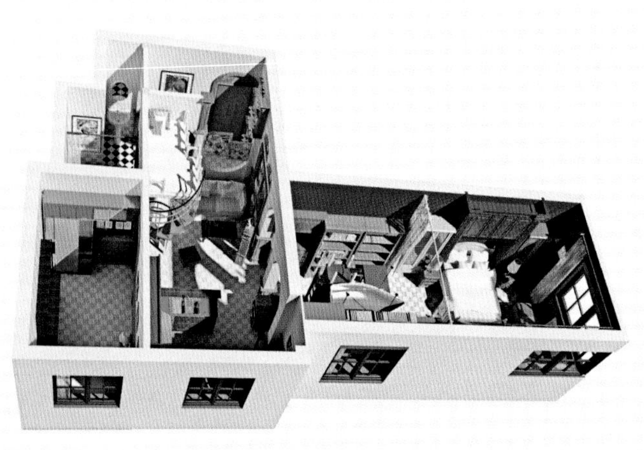

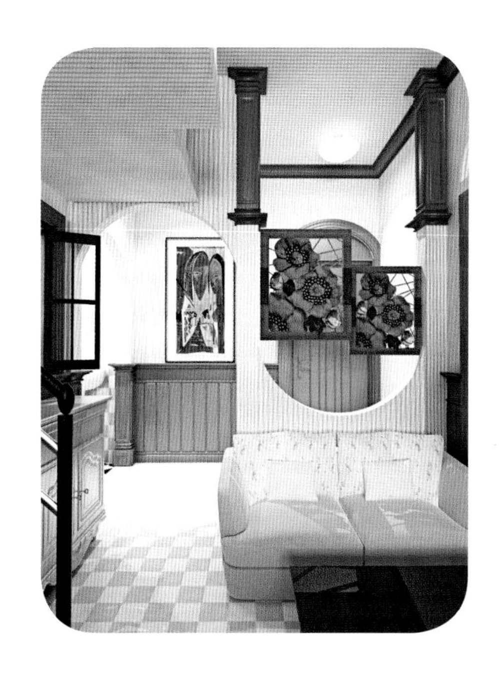

总　结

本书探索的是一种设计者期望的生活方式，

能体现生活中的小浪漫，获得温馨、平实的感觉。

它或许是多次不成熟的尝试，

但也是对美好生活的一种向往，

一种全新的体验。